# 你的成功

# 可以设计

NIDECHENGGONGKEYISHEJI

箫畔◎编著

中国华侨出版社

**图书在版编目(CIP)数据**

你的成功可以设计 / 萧畔编著. —北京:中国华侨出版社,2010.6
ISBN 978-7-5113-0465-0

Ⅰ.你... Ⅱ.萧... Ⅲ.职业选择—通俗读物 Ⅳ.C913.2-49

中国版本图书馆 CIP 数据核字(2010)第 097400 号

⬤ **你的成功可以设计**

编 著 / 萧 畔

责任编辑 / 崔卓力

装帧设计 / 郭小军

版式设计 / 岳春河

责任校对 / 高晓华

经 销 / 全国新华书店

开 本 / 787×1092 毫米 1/16 印张 /16.5 字数 /226 千字

印 刷 / 廊坊市华北石油华星印务有限公司

版 次 / 2010 年 9 月第 1 版 2010 年 9 月第 1 次印刷

书 号 / ISBN 978-7-5113-0465-0

定 价 / 28.80 元

中国华侨出版社 北京市安定路 20 号院 3 号楼 邮编:100029

**法律顾问:**陈鹰律师事务所

编辑部: (010) 64443056 64443979

发行部: (010) 64443051 传真: (010) 64439708

网 址: www.oveaschin.com

e-mail : oveaschin@sina.com

# 前　言

　　最早的一拨 80 后们已经"而立"了，最早的一拨 90 后们也已经成年，正在走向社会，甚至已经有很多人初步品味到打拼的艰难、成功的不易。很多人发问：为什么三十难立？成功是不是一个传说？现在的时势难以造就英雄吗？

　　不是的。你暂时没有事业上的成就，因为你还没有找到突破口；你暂时没有取得令人艳羡的成功，仅仅是因为你一直蒙着头走路，没有为自己设计出口。

　　好的狙击手必须瞄准目标再扣动扳机，同样，希望成功的人也必须有明确的目标和方向才能让梦想实现。你必须为自己设计一个清晰的目标，设计一条可行的路线，设计一个让别人很快记住并认可的形象，这样你才能迅速在行业中崭露头角。同时，你还要自己设计机会去结识贵人，改变你的命运。通往成功的路真是一条"流血的仕途"，所以，你除了为自己设计前进的步骤，还要懂得给别人设"计"、设"局"，除掉那些跟你作对的人，清除那些伤害你的人，远离那些阻碍你的人。我不是教你使诈，而是让你了解成功的真相。

　　你说你不懂"设计"？没关系，《你的成功可以设计》就是这样一本"成功设计学"教科书，它教你如何从一个懵懵懂懂的傻孩子成长为一个目标清晰、思路敏捷的睿智职场人，在它的指点下，你可以少走弯路，理智选择，抓住每一个改变命运的机会，敲开成功之门。

　　《你的成功可以设计》是一本生存法则，它告诉你什么才是真正的江湖，什么才是真正的竞争。这个社会，是赢家通吃，输者一无所有，社会，永远都是只以成败论英雄。任何一个行业、一个市场，都是先来的有肉吃，后来的汤都没的喝。如果你不看清这个事实，而是用自己稚嫩的身躯去硬碰满是陷阱和充满玄机的社会，换来的必然是伤痕累累。

　　《你的成功可以设计》还是一本行动指南，它告诉你如何打破思想的牢笼、思维的局限去追求自己想要的东西，它会指导你设计出最适用于你的路线，在你和目标之间规划处一条最可行的捷径。它会指点你如何根据自身情况为自己设计充电课程，充分发挥你的强项，掩饰自己的不足，挖掘潜藏的能力，扬长避短，让自己的能量最大限度地发挥出来。

勇敢地设计自己的前程吧，勇敢地追求自己想要的成功吧！拿出纸笔，绘制一张生命的蓝图。现在的你也许是二十岁，也许已经三十出头，这都不算晚，关键是你在看到本书的这一刻起就意识到"设计人生"的重要性，并且开始行动。十年之后的你是个什么样子？二十年后的你又是什么样子？你需要让十年后的自己审视现在的自己，究竟是在清醒勤奋地打拼着，还是庸庸碌碌稀里糊涂地混日子？

对于那些从来都不设计人生的人来说，岁月的流逝只意味着年龄的增长，平庸的他们只能日复一日地重复自己，就像磨房里蒙着眼睛原地转圈的驴子。如果你不想做一头在原地画圈的驴，如果你希望把自己锻炼成一匹充满活力的骏马，那么就要认认真真地为自己的人生设计一张科学的图纸，然后认真施工。就让《你的成功可以设计》做你最得力的助手吧！

contents 目 录

## 第一章　为自己设计明确的目标，就可以心想事成

法国哲学家蒙田说："灵魂如果没有确定的目标，它就会丧失自己。"也就是说人生如果没有目标，那么就会迷失。实际上，成功之路也是需要有一定的目标的。没有目标就没有方向，没有方向也就没有奋斗的激情，而没有激情也就没有成功可言。所以说，每一个想要取得成功的人一定要为自己设计好目标。但是目标并不是空泛的，而一定要明确，一定要切实可行，绝对不能太笼统、太虚幻，因为不明确的目标如同没有目标。如果你设计好了明确的目标，朝着目标的方向去努力，总有一天能够心想事成。

## 第二章 设计前行的路线，绘制自己的生命蓝图

　　成功的人生首先要有能够使自己成功的明确目标。没有目标一切都不可能，但是有了目标也并不是说就万事大吉。目标只有变成现实的时候，才是取得成功的时候。要达成自己的目标并不能靠空想，而是要靠一定的行动，需要有切实可行的前行路线，也就是说每个人都要针对自己的目标绘制出自己生命的成功蓝图。只有制定了合情合理的前行路线，才能最终达到设计好的目标，最后取得成功。

## 第三章 包装自己，设计自我形象不是明星的专利

　　有人说："你的形象价值百万。"这句话虽然略显夸张，但是却也不是一点儿道理都没有的。形象的确是非常重要的。一个良好的形象不仅能够引起他人的注意，提高你的注意力影响，还能够向他人彰显你的风采、你的个人魅力。这一切都有助于你取得成功，所以说每个人都要学会包装自

己，设计自己的形象，使自己能够显现与众不同的风采，能够使形象助你在成功之路上更进一步。

## 第四章　改变你命运的贵人，也能靠"设计"获得

成功不可能离开借助他人的力量，不仅要借助上司的力量，借助下属的力量，还要借助亲人、朋友的力量。在所有要借助的力量之中，有一种人的力量是最有可能迅速使自己取得成功，这种人就是你命中的贵人。所谓贵人就是能够对自己的事业有极大帮助的人。很多人认为自己地位卑微，无法结识贵人，实际上贵人也是可以通过设计取得的，可以通过"六人法则"结识你想结识的贵人，可以通过参与行业聚会认识你的贵人，等等。贵人相助能够使你更快地取得成功，所以要想成功，一定也要通过设计来获得改变你命运的贵人。

## 第五章　设"计"与设"局"，我不是给你使坏

　　职场奋斗必然会遭遇争斗，在争斗中，如果失败就必然会导致利益受损，会得不到加薪的机会，得不到职位升迁，有时甚至还会因此而丢掉职位。所以在职场中一定要学会设"计"与"局"，这种行为仿佛是坏的行为，但其实不然，职场会设"计"与"局"完全是无奈之举，因为你不懂得设计，别人就会设计你，所以学会设"计"与"局"并不是给你使坏，而是为你的职场生涯护驾保航，因此你一定要学会这种设计。

## 第六章　设计一些假想敌，鞭策自己进步

　　竞争能激发人的奋斗精神，它使人精力充沛、思维敏捷、反映灵活，想象丰富。通常情况下，人只能发挥自身潜能的百分之二十左右，而在竞争过程中，人会处于紧张的情

绪状态，这种情绪有利于个体潜能的发挥，能够鞭策自己不断地进步。但是有些时候，并不是所有的人都有竞争对手。而如果自己不能很努力地工作，就需要设计一些假想敌来鞭策自己，使自己能够不断地进步，能够不断地提高个人能力，从而取得成功。

## 第七章　为自己设计一些难题，好的事情也要做最坏的打算

职场中奋斗久了一定会遇到一些难题。有些人能够迅速地解决难题，度过难关，但是有些人则不能解决难题，没能度过难关，结果导致了失败。大部分难题都是突如其来的，很多人之所以没能解决，不是没有能力，而是没有事先的准备。所以，为防止遭遇这种情况起见，不妨为自己设计一些可能会遇到的难题，试着去寻找解决的方案，这样就会在真正遭遇难题的时候，临危不乱，妥善地解决它。

第八章 本着实用主义的精神，为自己量身设计一些课程

学无止境，现在是一个信息更新十分快的时代，你所拥有的知识在运用之前就已经有部分被淘汰，所以更要不断地加强学习。但是学习并不是漫无目的的，而是要从自身所需出发，要本着实用主义去为自己量身设计一些能够提高自己个人知识与能力的课程，使自己能够通过学习跟上时代的步伐，能够使自己越来越接近设计好的成功目标。

第九章 根据事业发展的需要，精心设计一个忠实于你的团队

当今社会，随着知识经济时代的到来，各种知识、技术不断推陈出新，竞争日趋紧张激烈，社会需求越来越多样化，使人们在工作学习中所面临的情况和环境极其复杂。在很多情况

下，单靠个人能力已很难完全处理各种错综复杂的问题并采取切实高效的行动。所有这些都需要人们组成团队，并要求组织成员之间进一步相互依赖、相互关联、共同合作，建立合作团队来解决错综复杂的问题，并进行必要的行动协调，只有依靠团队合作的力量才能创造奇迹。因此，如果你是一个企业的领导者，就需要精心设计一个忠实于你的团队，通过团队的努力，共同取得更大的成功。

## 第十章　成功没有既定模式，没有创意的设计不是好设计

成功没有固定的模式、没有条条框框的束缚、没有一条既定俗成的道路，而是一个要根据自身的特点逐步完善的过程。如果看到别人的成功就去模仿，也许会暂时取得一定的成功，但是却不会长远，所以说，成功的设计需要独特的创意，不要去复制别人的成功。因为你的个人能力与特点，与他人不同，你所处的环境也与他人不同。既然如此不同，那么就要独辟新径，用最好的创意为自己设计出最好的成功来。

## 第十一章  不去落实的设计等于没有设计

克雷洛夫说："现实是此岸，理想是彼岸，中间隔着湍急的河流，行动则是架在川上的桥梁。"虽说好的设计是成功的先决条件，但是如果只有设计，没有行动，也不会取得成功。再好的设计，也需要通过行动去执行。如果没有行动，那只能是一个空想家，永远也不会取得成功。所以如果你已经设计好了一切，那么就要将一切设计落实到行动上去，把所有设想都做到实处，只有这样才不会白费自己的设计，才能取得真正的成功，而不只是纸上谈兵。

法国哲学家蒙田说："灵魂如果没有确定的目标，它就会丧失自己。"也就是说人生如果没有目标，那么就会迷失。实际上，成功之路也是需要有一定的目标的。没有目标就没有方向，没有方向也就没有奋斗的激情，而没有激情也就没有成功可言。所以说，每一个想要取得成功的人一定要为自己设计好目标。但是目标并不是空泛的，而一定要明确，一定要切实可行，绝对不能太笼统、太虚幻，因为不明确的目标如同没有目标。如果你设计好了明确的目标，朝着目标的方向去努力，总有一天能够心想事成。

为自己设计明确的目标，
就可以心想事成

第一章

## 1. 成功从清晰明确的目标开始

> 人，都在奋斗，奋斗的目标则是成功。在这一点上，不分职务所属、地位所在、性格所向，只要是人，都是这样。每个人都要树立一个理想，以它作为前进的动力，在自己选择的道路上走向成功。
>
> ——康拉德·希尔顿 希尔顿连锁酒店创始人

比赛尔是西撒哈拉沙漠中的旅游胜地，但是很久以前，它只是一个只能进、不能出的贫瘠地方。在一望无际的沙漠里，一个人如果凭着感觉往前走，他只会走出许多大小不一的圆圈，最后的足迹十有八九如同一把卷尺的形状。因为人们没有认识到这一点，所以他们一直都没走出去过。后来，一位青年出现了，他发现比赛尔四处都是沙漠，一点可以参照的东西也没有，于是，他在天上找到了北斗星，在北斗星的指引下，成功地走出了大漠。这位青年人于是成了比赛尔的开拓者，他的铜像被竖立在小城的中央。铜像的底座上刻着一行字：**新生活是从选定方向开始的**。

新生活是从选定方向开始的，成功是从确立目标开始的，明确方向是迈向成功的第一步。不少人终生都像梦游者一样，漫无目标地游荡。他们每天都按熟悉的"老一套"生活，从来不问自己："我这一生要干什么？"他们对自己的作为不甚了了，因为他们缺少目标。

有个关于驴和马的寓言故事说得很形象。驴和马本是同一个村子里的好朋友，马决定随主人到外面拉货见见世面，而驴子坚持要留在家里拉磨。就这样，马到外面跟着主人吃了不少苦，但是，后来主人终于发迹了，他们留在了繁华的城市过好日子。而驴子依旧只是围着磨盘打转。它与马走出的步子的数目相差无几，可因为缺乏目标，它的一生始终走不出那个狭隘的天地。

生活的道理同样如此。**对于没有目标的人来说，岁月的流逝只意味着年龄的增长，平庸的他们只能日复一日地重复自己。如果你不想做一头在原地画圈的驴，如果你希望把自己锻炼成一匹充满活力的骏马，那么就要在心里定下一个清晰的奋斗目标。**

很多人说，我就是要"成功"，我要很多很多钱、很多荣耀的光环。这种想法是幼稚的，这不是明确的目标，因为这太模糊太空洞，你必需得让自己的目标形象化、具体化、数量化。笼统地说"我需要很多很多的钱"没有用，你必须确定你渴望得到的财富的具体数额。"买房买车"是目标；"奥运夺冠"是目标；"舍得一身剐，敢把皇帝拉下马"是目标……有了目标的种子，才可以孕育出一大片成功的森林。这不是自欺欺人，更也不是画饼充饥，而是在众多成功故事中总结出来的。

曾经有个马术师的儿子在初中的作文课上用了洋洋洒洒七张纸描述自己的理想，他想拥有一座属于自己的牧马农场，并且仔细画了一张 200 亩农场的设计图，上面标有马厩、跑道等的位置，然后在这一大片农场中央，还要建造一栋占地 400 平方英尺的巨宅。作文交上去之后，老师不但没有表扬他，还给了他不及格，老师非常严厉地批评他说："你年纪轻轻，不要老做白日梦。你没钱，也没家庭背景，什么都没有。盖座农场可是个花钱的大工程，你要花钱买地、花钱买纯种马匹、花钱照顾它们。"他接着又说："如果你肯重写一个比较不离谱的志愿，我会给你打你想要的分数。"这男孩回家后反复思量了好几天，最后他决定原稿交回，一个字都不改，他告诉老师："即使拿个不及格，我也不愿放弃梦想。"

20多年以后，这个男孩真的实现了当初的梦想，还把那位曾经泼冷水的老师请到他的豪华大农场里做客。小男孩以他的亲身经历证明：**目标决定行动，行动实现目标。** 他没有地位显赫的家世，没有家财万贯的资本，但是他有发财梦！他要成为富人，这个目标支持着他奋斗二十年，直到愿望实现。他与其他那些平庸的同学相比，多的就是明确的目标和实现目标的勇气。

自古以来，凡成大事者，无不是在目标的召唤下勇敢迈步向前的。少年项羽因为看到秦始皇出游的赫赫声势，产生取而代之的念头，这才有了历史上的楚汉相争；诸葛亮躬耕南阳，因为常"好为梁父吟，自比管仲乐毅"，才有了魏晋时期的三国鼎立；霍去病因为有"匈奴未死，何以家为"的壮志，才演绎出一代英雄的赞歌；巴尔扎克因为年轻时挥笔写下的豪言"拿破仑用剑无法实现的，我可以用笔完成"，才有350部鸿篇巨制的永远流传；毛泽东同学少年书生意气，就敢藐视秦皇汉武、小觑成吉思汗，终究成为新中国第一人……中国有句老话：有志之人立长志，无志之人常立志。一个坚定地向目标迈进的人，整个世界都会为他让路。

## 马上行动

心在哪里，成功就在哪里。中国以往强调"三百六十行，行行出状元"，工、农、商、学、兵，各大行业类别中，你确定的人生核心目标是什么呢？如果你想走仕途，就多了解官场、关心政治；如果你想做学问，就多了解学术前沿、新近成果；如果你想经商创业，那么就全力以赴寻找赚钱的机会，努力实现。总之，你想成功，就从现在开始，写下一个明确的目标吧！

## 2. 跳出世俗偏见的泥沼，一切皆有可能

> 如果你要获得成功，最重要的就是你的个性，你的独立性、决心和意志。只有具备了这些东西，你才不会在茫茫人海中迷失方向。
>
> ——奥里森·马登

据说世界上有一种定律叫做"二八定律"。它认为通常一个企业80％的利润来自它20％的项目；20％的人手里掌握着80％的财富。20％的人享受了世界上80％的爱情，这20％的人总是在爱和被爱，而余下80％的人只好寻寻觅觅，苦苦追求。总之，世上80％的人是失败者，只有20％的人能够取得事业的成功。

为什么会出现这种情况呢？这与对世俗偏见的态度有着极大的关系。**因为想要取得成功的人必然要有前瞻性，而前瞻性与世俗状态和人的观念必然是有冲突的**。一半以上的人不会与世俗作对。而当一个人的观点与行为与世俗冲突时，必然会遭到世俗凡人的阻挠，而有一些意志不坚定的人就容易陷入世俗的泥沼，最后只得以失败而告终。而能够坚持下来的人一般都会取得成功，而这部分人也只能占所有人的20％。

用"无人不知，无人不晓"来形容百分之二十的成功者之一——享利·福特与他的汽车王国应该是不为过的，当时的人们认为他"天生是赚大钱的人"。但是他的成就也不是轻易取得的，也是

顶住了世俗的巨大压力才取得的。年轻的时候，他一直想当一个机械师，作为一个农民的儿子，没有人相信他能够成功。他的父亲威廉·福特曾经在他多次要求去底特律时，生气地说："好吧，亨利，你到底特律去吧，就像你自己所希望的，变成个机械匠，但我敢确定地说，你将来必不会有什么大发展。"

在小学读书的时候，他对书本上的知识，就没有对机械的兴趣高，而且对种田的工作也很不起劲，这使父亲非常恼火。父亲多次对他说："你别妄想，凭着自己的一点点小聪明，就能在机械工业中出人头地。"

1879 年 12 月间，福特离开了农庄，到达底特律市。在经过了 20 多年的努力之后，终于在 1903 年，福特汽车公司便正式诞生了。最终，亨利·福特建立了他的汽车王国。

在最初世俗总是对一些成功者有偏见。**很多成功者都曾经遭到过世俗的打击，有些来自自己的亲人，有些来自自己的朋友，还有些则是社会上的人。**在这些打击中，很多人没有跳出他们的偏见，结果原本可能取得成功的机会却被自己放弃了。通常情况下，这些世俗之人在年轻时也曾有自己的梦想，但是因为受到了挫折或者他人的取笑而放弃了，然后也转变成为嘲笑其他人的一员，对那些有梦想、有目标的人进行嘲笑、讽刺。在面对嘲笑或者讽刺时，成功者都是一直坚持自己的目标，一直不断奋斗，最终他们取得了成功。

苏秦是东周洛阳人，他虽出身农家，但素有大志，曾跟随鬼谷子学习纵横捭阖之术多年。学成之后，他跑到洛阳求见周天子，但是周显王根本没把他放在眼里，拒绝接见他。苏秦一气之下，变卖家产到各诸侯国去找出路，可是他东奔西跑了好几年，连个芝麻大小的官也没有捞到手，后来钱用光了，衣服也穿破了，饭都吃不上了，只好回家。家里人看到他的狼狈样，"妻不下织，嫂不为炊，父母不与言"。也就是说，妻子看到他回来了继续织布，都不瞧他一眼，本想到家吃顿饱饭，嫂子却不给他做，爹娘也不愿意跟他说话。苏秦感叹说："妻不以我为夫，嫂不以我为叔，父母不以我为子，这都是我的罪过啊！"他认为是自己才学不够高，便更加发愤读书，钻研《周书阴符》。有时候读书读到半夜，又累又困，他就用锥子扎自己的大腿，疼得自己清醒起来，他接着苦读。就这样用了一年多的功夫，他的知识比以前丰富多了，他决定重新出游。但是又遭到了很多国家的拒绝，最后他只好北上到燕国去碰运气。几经周折之后，他终于见到燕王并将其折服，当上了燕国的国相，代表燕王出使各国，推行他的合纵抗秦之策，最后成为六国国相，取得了个人事业的巨大成功。当他后来回乡时，连周天子都派人来迎接他。当初瞧不起他的人对其也是极尽巴结之能事。

**成功者与失败者最大的区别就是成功者一直保持着自己对目标的坚定信念，并为之顽强拼搏，努力地争取，而从不在乎世俗的观点和嘲笑。而失败者不是没有目标，就是一直对自己的目标没有坚定的信念，当遭到他人的嘲笑时，很容易就放弃了自己原来的理想，并且会迅速加入嘲笑他人的行列。**并且认为我不行，你也肯定不行，行也不行。而成功者则正是打破了这种桎梏，对世俗偏见置若罔闻，坚持自己的目标，所以就会取得成功。

成功其实并不难，只要你跳出世俗的泥沼，不要被他人的嘲笑而左右，努力地朝着自己的目标行动，就一定能够取得成功。日本 6 世纪的"画圣"雪丹，幼时家贫，为求生存，只好进山当和尚。但他酷爱画画，常因为学画而误了念经，以致一再触犯庙里的长老。一次，见他画画走火入魔，"屡教不改"，长老勃然大怒，将他的双手反绑，捆在寺院的柱子上。雪丹虽然行动受制，却不愿意因此放弃画画，想到伤心处，不由得泪如雨下。那些泪水刚好滴落在地上，激发了雪丹的灵感，他居然伸出脚，用脚趾蘸着泪水，在地上画了起来，结果画出了一只活灵活现的小老鼠。长老大吃一惊，觉得这孩子日后必然大有出息，就不再管他了，并且让他潜心画画。雪丹得以在庙里继续苦练绘画，最后果然成为画界一代宗师。

每个人对生活都有自己的看法，都有自己的人生目标与理想，但是并不是所有的人都能一直忠诚于自己的人生计划，坚持不懈地去努力。实际上，有很多人在中途退出了，更有很多人在一开始时就放弃了，所以他们才会一直没有任何成就。每个人都要根据自身特点与现实环境去进行综合的思考，找到自己的人生目标，找准自己的人生方向，问问自己今后想干什么，想成为什么，把它定为你的长远目标。这个目标不能是虚无缥缈的，因为这是需要力争去实现的，如果不能实现，就会对自己产生怀疑，以致产生挫败感。如果制定了自己的人生目标，就一定要忠于这个人生计划，以"九死其犹未悔"的态度去实现它，这样就一定会取得成功。

## 马上行动

目标决定行动，行动造成就功。如果确立了自己的目标就要去做。世俗人的观点总是认为"有一些事情，你是万万不能做的；有一类话，你是万万不可说的；有一类态度，你是万万不可表明的"，一面说"救你于不归歧途"，另一面说"我吃过的盐比你吃过的饭还要多"，"我说你不行，你就是不行的"。实际上这些人大都是失败者，他们自己做不到的，也不相信，更不愿意别人做到。当你遇到这些阻挠你的理想的世俗之人时，最好的做法是："走自己的路，让别人去说吧！"

# 3. 信心让"海洋饼干"成为不朽的传奇

> 一百个满怀信心和决心的人，要比一万个谨小慎微的和可敬的可尊重的人强得多。
>
> ——辛克莱

在美国的经济大萧条时期，商人霍华德和半盲的前拳击冠军瑞德·波拉德和以前从事表演的汤姆·史密斯组成了一个小组，训练他的小个子赛马海洋饼干。海洋饼干和它的三人小组开始了一个传奇的旅程，而三个人的人生路也从此改变。

在这之前，三个人都因为各自的原因而成为生活中的失败者，为家人、朋友所遗弃，无法实现自己的理想。霍华德靠汽车交易发财，儿子却在交通事故中丧生，妻子要求离婚；波拉德从小爱好骑马，而他的家庭在失去一切以后任由他四处流浪；史密斯本是个牛仔，能驯服任何暴烈的野马，却也到处浪荡，无所归依。他们的马海洋饼干也和主人相仿佛，是赛马中的失败者，不仅个子比寻常赛马小，看上去腿也有问题。但是当三个人开始训练这匹看起来没什么希望的马时，却始终坚信自己能够夺得胜利。后来的事实也一次次地证明这的确是一匹相当有潜力的赛马，为他们赢得了多次胜利。但是在一次比赛中，海洋饼干不慎摔倒，骑师波拉与它都严重受伤，医生说他们都不可能再出现在赛场上了。

但是他们坚信自己能够再次回到赛场上，并且能够再次取得冠军。三个失败的男人一直执著地奋斗，克服了重重困难，终于在1938 年，海洋饼干又重新出现在圣安妮塔赛场上，并且跑出了圣安妮塔大赛历史上的最好成绩，美国赛马史上的第二好成绩，并打破了世界纪录，海洋饼干获胜的消息惊动了全美国！著名作家裘利·罗杰甚至这样写道："我是多么的幸运，竟能活着看到这一天。"

他们的胜利和坚韧的精神在那个灰暗的年代给整个国家带来了希望。1938 年的新年前夜，美国的年度十大新闻人物榜出炉，海洋饼干这匹马，同富兰克林·罗斯福、内维尔·张伯伦、阿道夫·希特勒等名人一起上了排行榜，它是赛马史上的奇迹。海洋饼干和三个失败男人的故事还改变成电影《奔腾年代》，鼓励着无数朝理想迈进的年轻人。

"海洋饼干"和三个失败的男人最终取得了成功，创造了不朽的传奇。他们能够取得成功最重要的不是肉体的健康恢复，而是内心力量的无比强大，而这个强大的力量则来自他们的信心。他们始终相信自己，相信自己能够取得成功，相信自己即使失败了也会重整旗鼓、东山再起的。信心有时要比实力还重要。因为信心能够激发出你意想不到的潜力，能够使你坚持克服原本克服不了的困难。

**大凡取得成功的人都是对自己有信心的人，都是在自信的战车上勇敢拼斗的人。**在经济危机来临的时候，许多公司都在大量裁员，有个青年刚从大学毕业，想到当地一家大百货公司找一份工作。他带着一封介绍信，这是他的父亲写给当年的大学同学——百货公司经理的信。经理看了介绍信，对年轻人说："我本来可以给你找个工作。令尊是我大学里最要好的朋友之一，每年校友联欢会上，我都期望见到他。可不巧的是，你这个时候来，真是再糟糕不过了，长时间以来，我们生意一直亏本，除了最必需的人员，我们已经解雇了大部分职员。"

许多人来这家百货公司找工作，但是得到同样的答复，便都悻悻而去，但是这个小伙子并不气馁，他相信自己一定能够找到一份让他立足的工作。他进了另一家商店，来到经理办公室的门口，请人送进去一张条子，字条上写着："本人有一个主意，可帮你从大萧条中解脱出来。可否与你一谈？""请他进来！"公司经理命令道。他进去之后就说："我想帮你开办大学生专柜，向大学生销售服装。本校 16000 名学生，人数年年都有所增长。经营服装我虽然一窍不通，但我懂得这些学生喜欢什么。让我帮你开办会受大学生欢迎的专柜，我可以向他们宣传，吸引他们来买衣服。"果然如他所料，没过多久，百货公司办起的大学生专柜吸引了一批又一批大学生，公司很快就生意兴隆，这个青年也就成了公司的雇员。这个出主意的青年就是后来成为美国大名鼎鼎的销售专家的 F·贝特杰。F·贝特杰因为有相当的自信，他虽然不懂服装销售，但是相信自己的能力，相信自己的眼光，所以敢于直接向经理说自己能够帮助他们从萧条中解脱出来，而最终的结果也证明了他是正确的。

**所有干出过一番轰轰烈烈大事业的人，无一不是特别自信的。他们具备培养自信的好习惯，相信自己是为成功而生的，他们相信自己，认为一切困难他们都能征服。**他们是环境的主人，环境是可以由他们控制的。任何事情，只要他们想做，不但能够做到，而且能够做好。自信的人从来不相信"难"字的存在，不管遇到多大的阻力，他们都一定能克服困难，实现他们的意愿。

那些失败者通常是没有自信的，他们遇事总是认为"我不行"、"这事我干不了"。其实，他没有试一试就给自己判了"死刑"。而实际上，只要他专注努力，是能干好这件事的。认为别人都比自己强，自己处处不如人，这是一种病态心理。在追求成功的过程中，这种心理是非常有害的。李嘉诚认为，只要你有信心、有耐心，同样可以成为亿万富翁。对每个有志于成就一番事业的人来说，一个非常重要的前提就是要有坚定的信心。

很多人都在寻找成功之路时，由于缺乏坚定的信心，在努力的过程中只要遭受一点儿挫折，就灰心丧气，就怀疑自己的能力，不相信自己有足够的智慧和力量克服困难，取得成功。这种极端的不自信遏制了他们拼搏向上的精神力量，使他们本来可以发挥得淋漓尽致的才能被轻易否定和扼杀，断送了他们本来可以创造出来的光明前途。所以，要想取得事业上的成功，首先就要有足够的信心，要像海洋饼干那样相信自己，并且要努力地去创造奇迹。

马上行动

那些畏首畏尾的人是永远成不了大事的，那些天天垂头丧气的人，更是不可能有所成就的。因为他们缺乏信心，而自信则是干好所有事情的基础。崎岖小路的那一边是美丽的果园，自信的人大胆地走过去，采撷到自己成功的硕果，缺乏自信的人却在原地犹豫：我是否能够过得去？而果实此时已被大胆行动的人采走了。

## 4. 选择你的目标才有可能取得成功

成功就是一个人事先树立的有价值的目标，然后循序渐进地变为现实的过程。

——格莱恩·布兰德

曾经，有一个年轻人由于职业发生问题跑来找拿破仑·希尔。

这位年轻人举止大方，聪明伶俐，大学毕业已经 4 年。他们先谈年轻人目前的工作、受过的教育、背景和对事情的态度，然后拿破仑·希尔对年轻人说："你找我帮你换工作，你喜欢哪一种工作呢?"可是年轻人却说："这就是我找你的目的，我真的不知道想要做什么?"结果拿破仑·希尔替他接洽几个老板面谈，对他也都没有什么帮助。

后来拿破仑·希尔决定换种方式帮助他。他对年轻人说："让我们从这个角度来看看你的计划，10 年以后你希望怎样呢?"他沉思了一下，最后说："我希望我的工作和别人一样，待遇很优厚，并且买一栋好房子。当然，我还没深入考虑过个问题呢。"拿破仑·希尔对他说这是很自然的现象。他继续解释："你现在的情形仿佛是跑到航空公司里说：'给我一张机票'一样。除非你说出你的目的地，否则人家无法卖给你。"拿破仑·希尔又对他说："除非我知道你的目标，否则无法帮你找工作。只有你自己才知道你的目的地。"由此可见，**世界成功学大师拿破仑·希尔认为初入职场的年轻人最重要的一课是：出发以前，要有目标。也就是说，人要成功首先要有一定的奋斗目标。**

其实，奋斗有目标才有可能成功，这是一个十分简单又正确的道理。正如喜欢登山的人都知道，在登山之前，一定要对登山路线有个详细的了解，一定要知道自己的目标在哪里，知道自己要登的是哪座山。否则，连目标都不知道，就更不用谈登山成功了。人生也是如此，如果你连人生目标都没有，那就很可能会白忙一场，最后一事无成。

法国著名的博物学家法布尔曾做过一项有趣的实验。他把一组毛毛虫放在一个花盆的边上，使它们首尾相连，这些毛虫便慢慢地围成了一个圈儿，一条跟着一条往前爬。然后，他又在花盆的旁边放了一些它们喜欢吃的食物，但是这些毛虫却只知道跟着前面的那一只往前爬。尽管食物就在它们的旁边，只要它们解散队伍便可得到了，但是它们却习惯了跟随。最后那些毛虫居然被活活饿死了。

这个实验很有趣，但是其结果却值得我们每个人深思。不论是动物还是人，如果不能把握自己的人生方向，就可能会忙碌一生，最终却依然一无所获。我们只有确立了自己的目标、找到自己前进的方向，才能使自己有所成就。

人们常说："三百六十行，行行出状元。"实际上，据统计，世界上的职业一共有两万多种。只要你找到了自己的感兴趣的职业，树立了自己的目标，就一定能够取得成功。但是，世上的路千万条，最难的就是找到属于自己的那条道路，这又是十分重要的。**所以每个人必须尽快找到属于自己的人生跑道，根据自己的特长、喜好来确定自己的位置。而一旦确立了目标，接下来要做的事就是全力以赴，直至驶达成功的彼岸。**

在荒凉的撒哈拉沙漠之中，有一块 1.5 平方公里的绿洲。依傍绿洲，有一个名叫比塞尔的小村庄，人们祖祖辈辈、世世代代生活在这里。风沙漫天，还有资源的稀缺，他们过着艰苦的生活。其实，这里位于沙漠的边缘地带，从这里，只需要三天的时间便可以走出沙漠，到达水草丰美的地带。但是，令人感到吃惊的是，这里居然没有一个人可以走出这片沙漠。1926 年，英国皇家学院的院士肯·莱文来到了这里。他用手语与当地的居民交谈，结果人们告诉他们，并不是他们不想走出沙漠，而是他们没有人能做到。无论从哪个方向出发，最后还是会回到原地。为了证实这种说法，肯·莱文亲自做了个实验。他从这个村子出发往北走，结果三天半就走出来了。但是为什么当地人就是走不出来呢？为了弄清原因，他又请来一个当地人为他带路。一结果，10 天过去了，他们还没有走出来。第 11 天的时候，一块绿洲出现在他们眼前，他们果然又回到了比塞尔村。不过，肯·莱文也终于弄清了当地人走不出沙漠的原因：他们根本不认识北极星。

后来，他告诉当地人，只要白天休息，夜晚朝着那颗最亮的星走，就一定会走出沙漠。结果，人们果然离开了那个祖祖辈辈生活的地方，过上了一种全新的生活。**生活是从选定方向开始的。当你确定了自己人生方向的时候，你也会从茫茫的沙漠中走出，过上自己想要的生活。**

世界潜能大师安东尼·罗宾曾经这样说过："有什么样的目标，就会有什么样的人生。"美国著名的石油大亨亨特曾经在阿肯色州种棉花，当时，他却一败涂地，但是最后他却成为世界上最有钱的人之一。当别人问他成功的秘诀是什么时，他说："想成功只需要两件事：第一，看清楚你要的是什么，而大多数人从来不知道这么做；第二，要有必须为成功付出代价的决心，然后想办法付出这个代价。"当你提出目标之后，就会有明确的方向，再加上你的努力，就会取得成功。但是对于我们大多数人来说，往往第一步就很难做到。可能你见到有些人每天都在不停地忙碌，很少有停下来的时候，但是却看不到他们取得了什么成就。原因不是他们不努力，而是因为他们没有确定好自己的方向。对于他们来说，只要不让自己停下来就可以了。而另一种人则正好相反，他们有明确的目标，也会为之付出相当的努力，所以最终就会取得成功。

## 马上行动

美国作家露意莎·梅·奥心科特说："在那远处的阳光中有我至高的期望，我也许不能达到它们，但是我可以仰望并见到它们的美丽，相信它们，并设法追随它们的引领。"依循梦想的方向，满怀信心地前进，追求自己所希望的那种生活，然后，你便会取得出人意料的成功。空中的楼阁也可以成为一种现实，最重要的是你要在下面打下地基。人生大厦的构建，就是先画出图纸，然后再修建的过程。

## 5. 有明确的目标做指引，你就不会做错任何事情

> 每天向着你的目标不断前进，即使心中不十分乐意，但最终你会发现这是值得的，甚至因此而感到惊异。
>
> ——西尼·弗里曼

　　哲学家在野外散步时发现水田中新插的秧苗排列得十分整齐，就像用尺量过一样，他不禁好奇地问田中的农夫，是如何办到的。农夫说：这很简单，你自己插，也能做到的。哲学家就卷起裤管，喜滋滋地插完一排秧苗，结果竟发现自己插得参差不齐、惨不忍睹。他再次请教农夫。农夫告诉他，在弯腰插秧时，眼光要盯住一样东西。哲学家照农夫说的话去做了，孰料这次插好的秧苗竟成了一道弯曲的弧线。农夫问他："你是否盯住了一样东西？"哲学家回答说："是啊，我盯住了那边吃草的水牛，那可是一个大目标啊！"农夫说："水牛边走边吃草，而你插的秧苗也跟着移动，你当然会插成一个弧形了。"哲学家恍然大悟，后来他选定了远处的一棵大树，果然插出来的秧苗跟农夫插的一样的直。

　　农夫并不比哲学家有智慧，但他懂得去比照目标做事。无论你现在哪里，重要的是你将要向何处去。**只有树立明确的正确的目标，让目标指引你的行动，你才有成功的可能，而没有目标的航船，任何方向的风对他来说都是逆风。**

　　几十年前有位一贫如洗的男子厌倦了在农场的工作，想去做一个成功的商人。经过考虑之后，他决心沿着镇里的店铺挨家访问，

想要谋得店员一职，然而没人愿意雇佣他，但是他一直坚定这个目标，最后终于受雇于一个小副食店，但是因为他没有经验，他必须大清早到店里去干杂活，要升炉火，要做扫除，要洗窗子，还要送货。这些条件，他全答应了，就这样，他开始了自己的事业。一年后，他用借来的 300 美元，开设了一家商品售价全是 5 分钱的小店。十几年后，他成了全美第一的企业家，建立了当时世界第一的高楼，即位于纽约的伍尔斯大厦。这就是目标的力量，因为他一直想做一个成功的商人，所以就为之而付出了巨大的努力，不惜放下尊严，做其他人不肯做的事情，最后终于取得了成功。

有目标才有动力，有目标你才会努力向着你的目标去努力，就不会做错任何事情。目标对于成功的重要性犹如空气对于生命，如果没有空气，人不可能生存；同样如果没有目标，人也就不可能成功，这是适用于任何行业的黄金法则。古罗马哲学家小塞涅卡说："有些人活着没有任何目标，他们在世间行走，就像河中的一棵小草。他们不是在行走，而是在随波逐流。"

一个人如果没有目标，就如同驾着一叶无舵之舟在海上漂泊——不知道该去何方，不知道哪年哪月，也不知道如何才能抵达目的地。这样的话，就只能在人生的旅途上徘徊，永远到不了任何地方。因为如果没有目标，如果你的目标不是真正切合你自己的实际情况，你并没有对自己想要达到的"高峰"做出准确的定义——没有把它清楚地写在脑子里。那么你的目标就很容易偏离航线，你就很容易做错事，因为你的注意力会变得不集中，根本不知道人生的方向在哪里，搞不清自己要到哪儿去，很可能最终一事无成。

当然并不是说有了目标就一定会成功，目标太模糊了，也难以取得成功。前美国财务顾问协会总裁刘易斯·沃克就有关稳健投资计划基础接受一位记者采访时，记者问道："到底是什么因素使人无法成功？"沃克回答说："模糊不清的目标。"记者请求沃克就这个说法做进一步解释。沃克说道："我在几分钟前就问你，你的目标是什么？你说希望有一天可以拥有一栋山上的小屋，这就是一个模糊不清的目标。问题就在"有一天"这个时间不够明确，这样的话，成功的机会也就不会太大。"沃克接着说，"如果你真的希望在山上买一间小屋，你必须先找出那座山，算出小屋的价值，然后考虑通货膨胀，算出五年后这栋房子值多少钱。如果你真的这么做，你可能在不久的将来就会拥有一栋山上的小屋。但如果你只是说说，梦想就可能不会实现。梦想是愉快的，但没有配合实际行动计划的模糊梦想，则只是妄想而已。"

　　同样，如果一个人整天只是对自己或是别人说："我要成为世界上最成功的人。"但却不清楚自己接下来要做什么，那么他只是白日做梦而已。所以说，要有明确的目标，而不是模糊的想法。

　　但是有些人有明确的目标也没有取得成功。这又是为什么呢？因为他们的目标太多了，而且极不坚定，几乎在很短的时间内就会换一次目标。有一个讽刺性的墓志铭是这样写的：

　　余表兄，人也，六十举童子试，不第；弃文就武，校场三箭，误中鼓官盔；愤而习医，精研岐黄，一日偶得小恙，自检良方，服之乃卒。

　　这个墓志铭刻画出了一个有很多明确目标，但是却一个也没有坚持下去，最终因为"学医"不精而死在自己手中的人。这虽然是一个笑话，但是也说明了一个人如果目标太多，那么终将一事无成的。也许有人会认为自己是全才，无所不能。一个人具有多种能力是可能的，但是人人所拥有的时间都是同样多的，每个人每天都只有二十四小时。**如果将时间分散在不同的兴趣上、不同的目标上，也许都能够取得一些成就，但肯定不会取得超出常人的成就，也就是说不可能取得成功。**

　　由此可见，有目标是必须的，但是目标必须是明确的，而有明确的目标是正确的，但是必须要专一，只有这样才会在目标的指引下努力做正确的事，少犯错误，最后取得成功。

马上行动

　　没有目标的人找不到自己奋斗的方向，目标不明确的人不能制定切实可行的计划，而有明确目标，但是目标过多的人也不可能取得成功，因为"一心二用"，或者"一心多用"也很难取得成功。所以说，一个人要先有目标，再有明确的目标，目标还要专一，然后方能通过努力取得成功。

## 6. 用执着打动周围的人，他们会帮你实现目标

> 你应将心思精心专注于你的事业上。日光不经透镜屈折，集于焦点，绝不能使物体燃烧。
>
> ——毛姆

　　松下幸之助年轻的时候非常贫穷，全家人都靠他一个人来养活，但是因为他没有本事，也没有文化，所以就连找一份收入微薄的工作都非常困难，但是他从不放弃，一直执着地寻找属于自己的工作与未来。

　　有一天，松下幸之助来到一家小电器工厂应聘，人事经理接待了他，但是人事经理没有看中他，因为他个子不高，其貌不扬，衣衫破旧，还有几块脏兮兮的油污。人事部经理委婉地拒绝他说："孩子，我们现在不太需要人，要不一个月后你再来看一看吧。"松下幸之助离开了，一个月后他来到了这家工厂，人事经理见到他，心想：

上次我的拒绝，这孩子没听懂，于是又拒绝了他，便说："孩子，我们现在很忙呀，要不一个星期以后，你再来看看？"一个星期后，幸之助又来到了这家工厂。人事部经理见到他又说："孩子，瞧你衣衫不整，多影响你的形象啊！我们工厂要是录用了你，也会影响我们工厂的形象的，要不你回去换套新衣服再来试一试吧。"幸之助回到家里把旧衣服洗了又洗，第二天穿着又来到了这家工厂，人事部经理见到他，心想：这个孩子太愚钝了，我三次拒绝他都没有听懂。于是人事部经理又问："孩子，你有电器方面的知识吗？我们是一家电器工厂呀，你要是没有这方面的知识，就做不好我们的工作呀。要不我考问你几个电器方面的问题吧。"于是人事部经理出了几个电器方面的知识问题，幸之助一个也没回答上来。人事经理说："孩子，要不你先回去学一学电器方面的知识吧。"幸之助又离开了，他买了好多电器方面的书籍，回到家里，苦苦攻读一个月，之后又来到了这家工厂，这次，人事部经理见到他一句话也没说。心想："这个孩子太执著了，为了一份工作，我这么多次拒绝，他都没放弃，有这种精神，没有他做不成的事情！"于是破格录用了他。

从那一天起，松下幸之助便开始了兢兢业业，执著努力的工作，他的业绩不断地攀升，在工厂里也担任着越来越重要的职务。若干年后，昔日那家名不见经传的小电器工厂发展成了以松下幸之助的姓氏命名的、雄霸天下的日本松下电器集团。

**松下幸之助用他传奇的人生经历向我们诠释了一个深邃的人生哲理："凡事执著坚持就一定能成功。"**俗话说，世上无难事，只怕有心人。所谓有心，除了要有一定的信心之外，还要有执著的信念。执著的人不畏惧生活中遇到的任何困难，他们会以无比坚强的信念去追求自己的事业，会为了未来而努力奋斗，克服一切困难，他们在受到拒绝或者打击时，绝对不会一蹶不振，反而会更加努力，会越挫越勇，最终必然会取得成功。

肯德基的创始人山德士上校在老年的时候遭遇了不幸，他破产了！通常对已经步入暮年的人来说，此时遭遇人生的失败，就不可能会有信念再东山再起了，但是山德士上校不仅没有得过且过，而且还冥思苦想，考虑自己该怎么做，才能摆脱困境。当时他拥有的最大价值的东西就是炸鸡秘方，这是一笔巨大的无形资产。突然，他想起曾经把炸鸡做法卖给犹他州的一个饭店老板。这个老板干得不错，所以又有几个饭店主也买了他的炸鸡作料。他们每卖 1 只鸡付给他 5 美分。困境之中的山德士想，也许还有人这样做，没准儿这就是事业的新起点。就这样，山德士上校开始了自己的第二次创业，他带着一只压力锅，一个 50 磅的作料桶，开着他的老福特，从肯塔基州到俄亥俄州，兜售炸鸡秘方，要求给老板和店员表演炸鸡。如果他们喜欢炸鸡，就卖给他们特许权，提供作料，并教他们炸制方法。开始的时候，没有人相信他，饭店老板甚至觉得听这个怪老头胡诌简直是浪费时间。结果在整整两年，他被拒绝了 1009 次，但是他一直执著地认为自己一定能够取得成功，终于在第 1010 次走进一个饭店时，打动了老板，得到了一句"OK"的回答。后来在山德士的坚持之下，越来越多的人接受了他的秘方。1952 年，盐湖城第一家被授权经营的肯德基餐厅建立，在短期内便倍受欢迎。紧接着山德士的业务像滚雪球般越滚越大，在短短 5 年内，他在美国及加拿大已发展了 400 家的连锁店。1955 年，山德士上校的肯德基有限公司正式成立。1971 年，肯德基的年营业额已经超过 2 亿美元。山德士上校在 66 岁的时候，在执着信念之下，东山再起，重新创造出了人生的辉煌，成就了今天的肯德基炸鸡连锁集团。

不论是松下幸之助，还是山德士上校，他们都是执著的人，都执著于自己的目标。他们这种执著的精神最后打动了他人，得到了他人的帮助，成就自己的事业。执著的人因为相信自己，因为会为了自己的目标而努力争取，这种精神必然会感染到他人，也就会得到他人的帮助，最终当然一定会取得成功。

能够执著追求目标的人可以毫不动摇地追寻着一个目标，任凭自己像小船一样在风口浪尖上起起落落，从来不会被挫败。他们的人生充满了执著的激情。他们坚持了执著的信念，所以能够坚持到世界的尽头，能够实现自己的目标，最后取得成功。

## 马上行动

有一位伟人说过：疯子与执著其实是一家，失败则叫疯子，成功则是执著。执著是一种信念，也是一种优点。世上事有难有易，但是不论难事易事，都需要耐心地去做才能做好，而有耐心就必须得有执著的精神。执著的人会努力为自己的目标而奋斗，会尽自己最大的努力去追求自己的目标。这种精神是受人敬仰的，所以也必然会打动一些人，因此会得到一些人的帮助，能够更快、更好地实现自己的人生目标。

# 7. 目标明确的人，眼中的光亮能够照亮前方的路

> 我宁可做人类中有梦想和有完成梦想的愿望的、最渺小的人，而不愿做一个最伟大的、无梦想、无愿望的人。
>
> ——纪伯伦

在刚刚进入工作的时候，很多年轻人总是意气风发，对接手的工作充满了激情，他们为了做好自己的工作，会主动地去努力学习新知识，努力提高自己的业务水平。然而，随着工作越来越深入，在对行业有了一定的了解，并且能够很娴熟地处理工作时，却失去

了往日的工作激情。虽然每天也还是能够好好地工作，但是却不是因为对工作有热情，而只是因为自己在这个岗位上，工作已成为自己应付的差事了。大多数人在毕业几年后时间倏忽而过时，才会回想起年轻时想要轰轰烈烈干一番事业的誓言，可是现在却只是在混日子，根本没有激情，也没有奋斗的目标。

工作并无聊着，有人曾做过这样一个注释：工作并无聊着，代表你的工作虽然无聊却很轻松；无聊并工作着，表示你不仅没有工作的激情，而且这活儿还很累。工作了几年的很多人都属于前者，虽然每天的工作都在无聊中开始，在无聊中进行，最后又在无聊中结束。工作又总是那么按部就班，自己就像一颗小小的螺丝钉，只是起着固定机器的作用。每天，很多人花在工作上的时间不长，就能轻松地完成手上的任务，重复的事情和周而复始的思维方式，让许多人的激情都逐渐消退。

很多人都会感到迷惘，为什么自己会出现这种情况呢？其实原因十分简单，就是因为没有明确的奋斗目标。因为目标会指引人们的方向，会引导一个人不断地去努力，去为实现自己的目标而奋斗、而学习。

比尔·盖茨曾经说过："每天早晨醒来，一想到所从事的工作和所开发的技术将会给人类生活带来的巨大影响和变化，我就会无比兴奋和激动。"他的目标就是开发技术给人类的生活带来巨大的影响，所以就会很有激情地去工作。如果比尔·盖茨没有明确的目标，他也会因为长时间地进行技术开发工作而厌倦的。所以，不管我们工作几年，一定要不断追问和审视自己的职业生涯规划，坚持为职业目标而努力。

一个人如果仅仅是勉强完成职责，那么，做事就极有可能会马马虎虎，稍一遇到困难就会打退堂鼓，这样的人也很难会始终如一地高质量地完成自己的工作，而自己也就会变成平庸之辈。而如果一个人没有明确的目标，那么在遇到困难时，也会因为没有勇气、

**没有动力，甚至不敢去克服困难。**

取得成功的人都是有明确的人生目标的，而没有目标的人也许会做一些事情，但是却只能碌碌无为。成功学大师卡耐基曾经对世界上一万个不同种族、年龄与性别的人进行过一次关于人生目标的调查，结果发现，只有3％的人能够明确目标，并知道怎样把目标落实；而另外97％的人，要么根本没有目标，要么目标不明确，要么不知道怎样去实现目标。

过了大概十年之后，他对上述对象再一次进行调查，结果破令他吃惊：调查样本总量的5％找不到了，95％的人还在；属于原来97％范围内的人，除了年龄增长10岁以外，在生活、工作、个人成就上几乎没有太大的起色，还是那么普通与平庸；而原来与众不同的3％，却在各自的领域里都取得了一定的成功，他们10年前提出的目标，都不同程度得以实现，并正在按原定的人生目标走下去。

卡耐基的结论再一次证明：只有有明确目标的人才能够成功。因为只有在有目标的情况下，一个人才会热爱工作，才会努力地去做好自己的工作，而也只有在这种情况下，他才能把工作做到最好。所以说，如果你不想当推磨的驴子，而是想成为一匹有成就的马，那么就树立你的明确目标吧！

## 马上行动

有明确目标的人才有动力，并要不断检查自己的职业生涯发展状态如何。自己需要经考虑清楚有关自己理想职业的每一件事。从工作内容、工作形式到工作环境，然后确定自己所追求职业的标准或目的，并制定可行性的行动计划。有了明确的目标之后，一定要循序渐进。而只有发自内心的追求才能真正激发起工作的激情。

成功的人生首先要有能够使自己成功的明确目标。没有目标一切都不可能，但是有了目标也并不是说就万事大吉。目标只有变成现实的时候，才是取得成功的时候。要达成自己的目标并不能靠空想，而是要靠一定的行动，需要有切实可行的前行路线，也就是说每个人都要针对自己的目标绘制出自己生命的成功蓝图。只有制定了合情合理的前行路线，才能最终达到设计好的目标，最后取得成功。

设计前行的路线，
绘制自己的生命蓝图

第二章

# 1. 跟波波族学习新时代的生存法则

> 生涯即人生、生涯即竞争，生涯规划就是个人一生的竞争策略规划，即人生规划。生涯要规划，更要经营，起点是自己，终点也是自己，没有人能代劳。
>
> ——陈安之

波波族已经成为社会上的一个热点问题。那么到底什么是波波族呢？"波波族"是音译而来的，全称是 BOBOS＝BourgeoiS＋Bohcmia Bourgeois，是中产阶级的法语音译，主要是指那些拥有较高学历、收入丰厚、追求生活享受、崇尚自由解放、积极进取的具有较强独立意识的一类人。**他们的特点是性格奔放、我行我素、天马行空，他们所做的最伟大的创举就是成功地实践了这样一种生活方式：既可以获得物质财富的成功积累，同时又能够保持精神的独立、自由和反抗。**

波波族是 21 世纪的社会精英，他们追求心灵满足是其工作的动力，并善于把理想转成产品，他们给自己设计了一套完整的生存法则：

**一、生活宣言：**

追求自由，挑战自我，实现心灵满足

1. 崇尚自由

自由并不是没有约束、没有限制。我的自由不是绝对自由，我深知受到许多条件的约束，但我仍将带着锁链舞蹈，利用有限的时间和空间，来创造属于自己的天地。

2. 寻求反叛

我的反叛不是单纯的姿态，我对自己的行为能力能够负责。我也许年轻，但我不是弱智。相对于成年人的故事，我用更加简单的方式对待世界，处理我周围的关系。我寻求彻底，彻底的自我；我将创意贯彻到生活的每一个角落。

3. 唯"物"主义

我要有足够的金钱来换取我想要的物质。我要做艺术忠实的伴侣和金钱短暂的情人。

4. 亲近自然

亲近自然是一种心境。它无需过多的物质条件，它需要的是一颗充满爱的纯净的心。在这样一颗心的驾驭下，闭上双眼，你就能感受到阳光的热情、蓝天的宽容、白云的潇洒；你会感觉到轻风在耳边的温柔细语，薄雨在林间的缠绵悱恻。

二、生活心态：

喜欢竞争和挑战，具有专业精神的冒险家，习惯制造梦想，继而把它演变成现实。有点理想、有点抱负、有点激情。可以分享成功的快乐，也可以承受落败的沮丧。

三、生活方式：

富有小资情调，注重生活质量，追求有个性的极品生活，他们爱名牌，因为他们欣赏独特的设计，精选细挑的质料和一丝不苟的手艺，名牌穿在他们身上，自有一派气度；但他们从不迷信名牌，他们毫不介意穿 T 恤、破仔裤招摇过市，又显现出了另类潇洒。

四、工作方式/理想：

他努力工作，事业上颇有成就，收入也颇丰，但他绝不是金钱的奴隶；对他来说生命不只是工作，他的兴趣广泛，艺术、运动、高科技、鉴赏、环保，他都喜爱研究，他对自己的兴趣，有时近乎狂热，有一天，他绝对有可能为了自己的热爱，不惜抛弃所拥有的，去追寻自己的梦。

**五、沟通方式：**

他对一切热门的资讯都来者不拒，书报、杂志、电视、网络甚至短消息都是他的讯息来源。他可以不开电视却把国内外政治、文化、娱乐事件了如指掌，可以随时随地的用手机开电话会议，甚至说给恋人听的甜腻腻的情话也通过音画短消息而及时送达。

波波族对于一切美的事物都有偏好，中西古今艺术，建筑美学、环境保育、家具装潢、时装设计，这可能是他比别人更有气质的原因。他拥有过人的知识，突显他的魅力，强烈的求知欲，博览群书，游历四方。

波波族并非以财富来衡量财富给他们带来自由，同时他们并不过分追求财富。所以，你也许并不是有钱人，但是你一样可以拥有波波族的生活理念。

以下是关于波波族的五个测试：

1. 你是否认为花 15000 元在一套影音娱乐设备上是很奢侈的一件事？那么如果花了 15000 元将你的浴室完全用天然石料装修起来，你是否认为这是一个信号证明你已经慢慢地接近了神宗的天人合一的境界？

2. 你那个刚刚翻新过的厨房看起来是不是像一个航天飞机的飞机脚？你在挑选冰箱的时候，是不是偏向选那种有一点冷，但又不是特别冷的那一种？

3. 你在选择洗衣粉的时候，是不是会选择那种"环保型"，这种洗衣粉也许不能把衣服洗得特别洁白，但不会导致湖泊受到污染。

4. 你是否曾经在令人郁闷的软件公司里工作，那里的人们工作时无一不是脚踏登山鞋，头戴极地才用得到的目镜，好像有一座 400 多英尺的冰墙就耸立在他们面前马上就要坍塌，倒向自家的停车厂。

5. 你是不是常常觉得自己的教育素养和《VOGUE》上那些星

光灿烂的人不相上下，其实他们也没什么了不起！

如果你的回答中有一个"是"的话，你已经可以算得上今天的社会上流阶层中的一员了。即使你并不觉得自己很有钱，也不觉得是"波波族"，但是你也属于这个族群，想必你也会认同这个族群的生存法则。他们热爱生活，努力工作，但是绝对不为了一方而放弃另一方，而他们最重要的生存法则就是生活要开心，物质上不必太丰富，但是精神上一定要富足。

也许你并不是标准的波波族，也许你并不完全认可以上的所有准则，但是你肯定会认同一点，人生是需要设计的，你的生活、你的工作都需要像波波族一样进行规则。只要你进行人生规则，那么你就是波波族中的一员。成为一名波波族并不是给自己吊标签，而是让自己的生活能够更理性、更有规律。因为这样能够使你更加容易地取得成功。

## 2. 千里之行始于足下的第一步

今天做不成的，明天也不会做好。一天也不能虚度，要下决心把可能的事情，一把抓住而紧紧抱住，有决心就不会任其逃走，而且必然要贯彻实行。

——歌德

有一个教授对某一个题材很感兴趣，也一直搜集资料，认真研究这一题材，后来成为这一方面的权威专家。一个出版商跟他提议让他写一部关于这一题材的小说，因为现在很多人非常关注这个题材。教授也一直想写，所以一拍即合，但是他却一直没有写，一直认为自己没有准备好，要等过几年再写。然而等过几年之后，等他准备要写的时候，市场上已经有了很多关于这个题材的小说，他如果再写出来也就没有什么影响力了，所以就没有再写。

其实我们经常会发现，在现实生活中，很多人都是这样的，他们都是只说不做，都找一大堆的理由来推脱，一直不做，直到后来看到别人做了，并且成功了，只剩下羡慕的份儿了。

每个人的人生目标可能有所不同，有的理想远大，有的仅止于丰衣足食，然而不管是什么样的愿望，都应该去争取才能实现。应该像老子所说的那样，"千里之行，始于足下"。意思是说：千里的路程，是从迈第一步开始的。引申的解释就是，无论什么事情，想要取得成功，就必须要从小到大逐渐积累。而积累的前提就是要先迈出第一步的行动来。

实际上，很多事情大家都会想到，也都知道如何才能取得成功，但是想到是一回事，做到又是一回事。正如《冒险》一书的作者所说："如果生活想过好一点，就必须冒险。不制造机会，自然无法成功。"有些人在看到别人取得成功时，往往会说：如果我做，我也能取得成功；也许还会说，如果我做了，我会比他做得更好。也许这种假设真的成立，但是假设永远只是假设，没有付诸行动，就不可能成为事实，进行假设的人也不可能取得成功。天才并不多，大概十万个人中会有一个天才，其他的人在智商上都是不相上下的，但是十万个人中，并不是只有一个人取得成功。**很多时候，大多数事情，大家都能想到，但是只有很少的人能够做到，能够做到的才是英雄，才是成功者。**

常言道，说一尺不如行一寸。面对悬崖峭壁，一百年也看不出一道缝来。但是付诸行动，去用斧凿，凿一寸便进一寸，凿一尺就进一尺。很多时候，我们想到了，却因为自以为的种种顾虑，或是觉得时机没有成熟，或是屈服于自己内心的担忧，往往因此而不敢行动，也往往因此而与成功擦肩而过。各行各业的翘楚都有一个共同的优点：他们办事的原则是言出即行。因此他们取得了成功。他们不比别人思考得更多、更全面，但是他们明白一个道理：成功不是将来才有的，而是从决定去做的那一刻起，不断付诸实践累积而成的。

清代四川文学家彭端淑在《为学》中说："天下事有难易乎？为之，则难者亦易矣；不为，则易者亦难矣。人之为学有难易乎？学之，则难者亦易矣；不学，则易者亦难矣。"他在文章中讲了一个故事：一个穷和尚"欲之南海"，富和尚问他"何恃而往"？穷和尚回答说："一个盛水的瓶子，一个化斋用的钵就足够了。"富和尚嘲讽他说："我数年来，想要雇船而去，都没有成行，你这样怎么可能会到达！"结果第二年，"贫者自南海还，以告富者。富者有惭色"。

心动不如行动。敢想不敢做的人，只有羡慕别人成功的机会，而不会给自己创造成功的可能。人的积极性，不仅要表现在思维上，更重要的是表现在行动上。拿破仑说："我总是先投入战斗，再制定作战计划。"也有人说，最聪明的思路就是行动，去实现自己向往的目标，想到什么就去做什么，然后再考虑完善自己或完善目标。这样做会让人觉得有些盲目，但是却好过只想不做。既然我们想到了成功的可能，也有了成功的规划，那么就一定要付诸行动，这才是最好的选择，既不会因为没有付诸行动而没有任何成功的可能，也没有因为盲目地付出努力而导致失败。

一个人如果认准方向之后不停地朝着目标努力，从小处做起，一步一步地走下去，持续积累着，就必能走向成功。"千里之行，始于足下"，任何事情如果只是停留在口头上、想象中，是没有任何实际意义的，最重要的就是要把心中的理想付诸于实施、使梦想成真。一般人只要有心提高自己，持之以恒，不断地在道德修养与技术能力方面下工夫，就不怕没有出头之日；而修炼人只要一心向前，精进不止，最终一定能功德圆满！

 马上**行**动

英国历史学家迪斯累利说："行动不一定就带来快乐，但没有行动则肯定没有快乐。"不采取行动也许不会有失败的风险，但是一定没有成功的快乐。任何一种成功者都是经过实践才能获得。所以，只要做出了正确的思考，就立刻进行实践，只有这样，才会成为一个真正的强者，才会有成为成功者的可能。

## 3. 你不能打家劫舍，原始积累要怎么做

> 资本积累靠的不是节约，不是减少开支，而是开源，是打通门路，是寻找一切可能的外力帮助。
>
> ——索罗斯

成功人士都需要挖自己的第一桶金，也就是说需要进行原始积累。马克思说："原始积累都是血淋淋的。"在当时那个时代也许如此，但是现在，**对于一个年轻人来说，想要进行原始积累是不可能**

**用血淋淋的方式的，也不可能去打家劫舍。**那么应该如何进行资本的原始积累呢？据《科学投资》研究，中国富豪挖掘第一桶金的方法不下 50 种。《科学投资》进行总结之后，评出了可供创业者活学活用的最好的五种方式：

**一、速度就是财富**

2001 年，当杨斌出现在当年的《福布斯》中国富豪排行榜上，并且排名高居第二时，许多人吃了一惊，因为在此之前，杨斌是一个谁都不曾听闻过的名字。将杨斌视为一匹财富黑马实不过分。杨斌时任香港上市公司欧亚农业的董事长。杨斌发迹始于 20 世纪 80 年代末 90 年代初开始的东欧巨变，第一桶金掘自 20 世纪 90 年代初与东欧国家的跨国贸易。借东欧剧变时机，他向波兰、俄罗斯等国家转售中国计划定价、价格偏低的棉线产品，后发展到成衣等纺织品，毛利润大都在 5 倍以上，两三年内杨就积累了大约 2000 万美元的财富，这就是他的第一桶金。

当时进行跨国贸易人不在少数，但是他总是能抢占先机，最先与外国人进行联系，最先出售一种新的商品，而不是以高价取胜，结果却比以高价卖货为原则的人多积攒了很多财富。速度让他积聚了大量的财富，完成了原始积累。

**二、背靠大树好乘凉**

这里所说的"背靠大树好乘凉"并不是指通过依附权贵等等不正当的手段来进行原始积累，而是依靠成功者来完成资本的积累。曾上过《福布斯》的中国富豪王玉锁最初就是通过在任丘县依靠他人的帮助倒腾燃气来赚钱，积累了原始资金的。

他第一次到任丘后在街上闲转，看到有个蔬菜公司卖燃气，就想也搞燃气。晚上，王玉锁买了些水果，骑着租来的自行车去一个有门路的刚认识的樊女士家中找她帮忙。等他到了樊女士的家里一看才发现，原来樊女士的丈夫是他的一个老熟人。那人见到他就问：玉锁，你怎么过来了，你怎么不打声招呼啊？原来樊女士就是因为他的丈夫是干这一行的，才有此一门路。于是，"大哥"先让王玉锁选了一套设备回去，然后由"大哥"负责给王玉锁联系燃气。做饭烧燃气，那时候对于许多人来说，这是有门路的象征。王玉锁的告示贴出来之后，顾客立刻蜂拥而至，几天时间就净赚1000多元。这是王玉锁从燃气中掘到的第一桶金，以后在"大哥"的帮助下，他的事业越做越大，最终成为中国有名的"燃气大王"，并登上了《福布斯》的排行榜。王玉锁就是背靠大树，在他人的帮助下掘得自己的第一桶金的，这也是掘金的一种好方法。

### 三、人生就是一场豪赌

1986年，安徽统计局将史玉柱送至深圳大学软件科学管理系读研究生，毕业回来即是稳稳当当的处级干部。一般人皆认为他官运亨通、前程似锦，但史玉柱在深大研究生毕业后所做的第一件事竟是辞职。1989年夏，他用手中仅有的4000元承包下天津大学深圳电脑部。该部只有一张营业执照，没有电脑，而史玉柱则急需一台电脑。当时深圳电脑价格最便宜一台也要8500元。史玉柱为了向客户演示、宣传产品，决定赌一把，以加价1000元的代价获得推迟付款半个月的"优惠"，赊到一台电脑。以此方式，如史在半月之内没有收入，不能付清电脑款项，不但赊购之电脑需要交回，1000元押金也将鸡飞蛋打。为了尽快打开软件销路，史玉柱又想到了打广告。他又一次下了赌注，以软件版权作为抵押，在《计算机世界》上先做广告后付款，推广预算共计17550元。1989年8月2日，史在《计算机世界》上打出半个版的广告，"M－6401，历史性的突破"，这一广告刊出后，他天天跑邮局看汇款单，整个人几乎为之疯狂了。直到第13天头上，史终于收到汇款单，不是一笔，而是同时汇来了数笔。史长出一口气。此后，汇款便如雪片一般飞来，至当年 9 月中旬，史的销售额就已突破 10 万元。史付清全部欠账，将余下的钱重新投向广告宣传，4 个月后，M－6401 桌面文字处理系统的销售额突破 100 万元。这是史玉柱的第一桶金。

**四、巧借东风成大事**

1999 年 3 月，方兴在比尔·盖茨在中国推销"维纳斯计划"时，在《南方周末》发表《"维纳斯计划"福兮福兮》，并于同年 5 月，与王俊秀合作出版《起来——挑战微软霸权》，一夜名声鹊起。同年 9 月，他趁热打铁，与人合伙成立互联网实验室，资本金 10 万元。两个月之后，两位风险投资商慕名而至，投资 200 万元，占公司股份 5％。他们的 10 万元投资，在两个月之内便升值接近 400 倍，完成了第一桶金的挖掘。

方兴的这种方式就是借东风，他先是借了比尔·盖茨的名声，把自己也变成了名人，然后在名声的影响之下与人成立公司，之后再借到了风险投资者的资金，至此完成了资本的原始积累。这种积累方式风险小、见效快，收入稳定有保障，对实力不济、正处起步阶段的创业者来说，具有非常价值。

**五、空手套白狼**

有些人一听空手套白狼就皱眉头，不知空手套白狼也有境界高下之分，有些空手套白狼的手法不仅是正当的，而且是非常有效的。

1992 年，汇源果汁创始人朱新礼辞职下海，"买下"当地一家亏损超过千万元的罐头厂。所谓"买下"其实只是一张远期期票，当时朱并没有钱。朱以答应用项目救活罐头工厂，养活原厂数百号工人，外加承担原厂 450 万元债务等条件，将罐头厂拿到了手后，空手套白狼第一招成功。但是他当时手头没钱，他又想到第二招——补偿贸易。

补偿贸易，是国际贸易的一种常用做法，在朱新礼那会儿国内却鲜为人知。他通过引进外国的设备，以产品作抵押在国内生产产品，在一定期限内将产品返销外方，以部分或全部收入分期或一次抵还合作项目的款项，一口气签下 800 多万美元的单子。他当时答应对方分 5 年返销产品，部分付款还清设备款。1993 年初，在 20 多个德国专家、工程技术人员的指导下，工厂开始生产产品。此时，德国又连续举办两次国际性食品博览会，他立即购买机票，单刀赴会，在当地华侨的帮助下，朱新礼先后在德国摩尼黑和瑞士洛桑签下第一批业务：3000 吨苹果汁，合约额 500 多万美元。朱新礼由此掘得了第一桶金。

资本原始积累的方式多种多样，以上几种只是常见的、比较有代表性的。**在资本的原始积累阶段，每个成功的投资者和创业者，为了尽快缩短原始积累的周期，尽快达成原始积累的目标，都会因时因势而异地去寻找适合自己的方式。**作为年轻人，当然也应当如此。进行资本原始积累一定要从多方面进行思考，根据实际情况来采取最合适的方式。

## 马上行动

只有进行资本积累，才能为成功创造有利的条件。进行资本的原始积累不是一件很容易就可以办到的事情，所以就需要想要做一番事业的年轻人能够开动自己的脑筋，去挖掘自己的第一桶金，去为自己的成功寻找原始资本。

# 4. 选择行业，规划职业，追求事业

> 如果你已经有了自己的事业，看一看它是不是你的最爱；如果你是公司的老总，看一看你的产品定位是否准确；如果你主管产品的生产，看一看成本是否已经降到了最低。但其中最主要的，是要关注你的事业，关注你的产品，因为只有关注，才能成功。
>
> ——亨利·福特

如果不是生在家族企业、从父辈手中接管权力和财务，你的成功只能从积累开始。也就是说，从你挣到第一分钱开始，你就踏上了"成功之路"，你做的每一件事都要跟定下的目标联系起来，所有的步骤都可以看成是为实现目标而做的铺垫。

**从大方向上看，取得成功有两个途径可以选择：站在巨人的肩膀上，自己成长为巨人。**前者指的是到一个已经成型的公司、企业打工，通过自己的出色表现，逐步进入管理层，成为唐骏、董明珠那样的"打工皇帝"、"打工皇后"；后者指的是积累了一定资金之后自己创业，从"小打小闹"开始，不断积累财富，壮大实力，从几个人的规模扩展至百人，再扩展到千人、万人，这一类的代表就是李彦宏、马云。

不管你选择哪一条道路，都要做以下三件事：选择行业，规划职业，追求事业。下面我来详细说明。

第一，选择行业。

汪中求在《营销人的自我营销》一书"人生定位"一节中讲了一个很好的道理：**人的一生的发展，或者是沿着专业的方向发展，或者是沿着行业的方向发展；不能在专业或者行业之间跳来跳去。**汪中求还说，不分专业、行业地盲目跳槽，是人生的最大浪费。

现在是一个专业分工非常精细的时代，一个人的精力有限，不可能样样精通，在每个行业或者专业里都获得成功，而只能选择其中的一个行业或者专业，长期地干下去，从而形成自己的核心竞争力。所谓核心竞争力，就是在某行业或某专业里，你有绝活，有别人不具备的优势，就是俗语所说的，"有了金刚钻，敢揽瓷器活。"

中国有句老话："男怕入错行，女怕嫁错郎。"意思就是求职者选择行业的眼光影响到他职业生涯的成败，进而关系到个人事业的成功。那么，如何选择行业才算是"入对行"呢？还是要从两个方面考虑，一是个人爱好，二是市场需求。

我们总说兴趣是最好的老师，很多人是由于爱好驱使，进而投身某项事业，比如说作家、画家、演艺界人士等等。在这种情况下，爱好与目标多半是吻合的，那些"超男"、"超女"就是很好的例子，他们克服重重困难，在层层选拔赛中崭露头角，一年不行待来年，来年失败就第三年，直到唱红为止。还有那些"网络写手"，沉浸在自己的文字天地里，日夜不休地编写小说故事贴到各大网站，又主动联系出版商寻求出版，一次又一次碰壁，一次又一次争取，就是为了能够成为畅销书作家。

另外一些人选择了不同的方式选择自己的行业，那就是市场需求。电子商务火了，他们就去互联网世界分一杯羹；房地产火了，他们又跑去搞房地产；买车的人多了自然就有淘汰车的，于是又人跑去卖二手车。这类人没有特定的喜好，市场需要不需要、能不能赚钱、能不能实现"个人成功"这个目标，是他们选择行业的标准。

**第二，规划职业。**

在你选择了行业之后，就要规划自己的职业。每个行业都有自己潜在的"行规"，各不相同，只有进入到圈子之后，你才能真正了解和感受。所以，你的"入门"阶段需要花费一段时间来真实地了解这些事。每个行业里也存在三六九等，刚入门的是学徒，入门几年的算是前辈，混出个样子的就算成功者了，大多数还是在庞大的行业队伍中充当最基础的"群众"。所以你必须想清楚，自己要当几年学徒，当几年前辈，啥时候成为"人上人"，还是永远当那些默默无闻的群众。

现在，二人转红遍大江南北，这个东北地域特色浓厚的舞台表演形式被赵本山一干人带到春节晚会上，进而成了"全中国"老百姓喜闻乐见的娱乐形式。但是，同样是二人转演员，名气、待遇是截然不同的。赵本山算得上是"老大"，他带火了小沈阳、丫蛋儿以及"刘老根大舞台"上的众多演员。他们出场费很高，演出票更是一票难求，让人误以为只有这些人才会表演二人转。殊不知，他们仅仅是二人转舞台上的凤毛麟角，算得上"熬出头"的，全国各地还不知道有多少草台班子连票都卖不出去，很多二人转演员走投无路，饭都吃不上。这就是行业里的等级差别、贫富差距。

所以，在你选定了某个行业之后，就要有一个明确的职业规划。你要成为这个行业的领军人物，还是马前卒？你要做到什么职位，掌握什么技能，你的最终目标能否在这个平台上实现？如果现有的公司、企业不能实现你的理想，如果现在的老板不是你事业上的贵人，你要如何改变？一连串的问题都是需要你思考的，并不是你进入这个行业，进了一个效益好的公司，就可以坐享其成，等待成功掉进你怀里。

**第三，追求事业。**

当职业能够实现你的目标、能够实现你所寻求的意义的时候，你才真正拥有了一份"事业"。很多人工作的时候无精打采，心不在焉，整天浑水摸鱼，不思进取，正是因为他没有这种追求事业的感觉，他们总觉得是工作不称心、老板不给自己机会。其实他们错了！是他们自己没有把职业当做事业来追求。

职业，能够让你养家糊口、衣食无忧，但是如果你是被动地在做事，而不是主动地找事做，那就说明你没有事业心。真正的事业心是一颗恋人的心，当你想到他的时候会脸红心跳、热血沸腾，你愿意为他做一切事请，奉献出自己的一切。哪怕他偶尔伤害了你，让你失望了，甚至你出现了片刻的动摇，但是，很快你就会端正自己的态度，想尽一切办法让自己消退的激情再次燃烧起来，不惜一切代价，让滑坡的业绩再赶上去。有这样一颗"事业心"的人，才能取得辉煌的成功。

 马上行动

检查你所在的行业，是前途无量，还是穷途末路？如果你对目前的行业还算满意，就要思考一下自己的位置，考虑一下你离开现有的单位能不能找到更好的发展空间？比有稳步晋升的信心吗？目前的企业能否实现你的成功目标？如果这些问题你都能清晰地给出答案，那么就马上去行动，让自己成为职场达人！

# 5. 做好你的短、中、长期的人生目标规划

> 人生就像一个企业，企业的发展需要有企划书，人生也需要进行计划，需要制定不同时期的不同目标，根据不同的情况来实现自己的短期与中期目标，最终实现自己的人生目标。
>
> ——拿破仑·希尔

有一年，一群意气风发的大学生从美国哈佛大学毕业了，他们的智力、学历、环境条件都相差无几。在临出校门前，哈佛大学对他们进行了一次关于人生目标的调查，结果是这样的：

27％的人，没有目标；60％的人，目标模糊；10％的人，有清晰但比较短期的目标；3％的人，有清晰而长远的目标。

25年后，哈佛再次对这群学生进行了跟踪调查。结果又是这样的：

3％的人，25年间他们朝着一个方向不懈努力，几乎都成为社会各界的成功人士，其中不乏行业领袖、社会精英；10％的人，他们的短期目标不断地实现，成为各个领域中的专业人士，大都生活在社会的中上层；60％的人，他们安稳地生活与工作，但都没有什么特别成绩，几乎都生活在社会的中下层；剩下27％的人，他们的生活没有目标，过得很不如意，并且常常在抱怨他人、抱怨社会、抱怨这个"不肯给他们机会"的世界。

其实，他们之间的差别仅仅在于：25 年前，他们中的一些人知道为自己的人生目标，做好了短、中、长期的人生规划，而其他人则没有。有一个美国歌手的故事似乎也印证了这个道理。他在一篇回忆性的文章《想象五年以后的你》中写道：

1976 年的冬天，当时我十九岁，在休斯顿太空总署的大空梭实验室里工作，同时也在总署旁边的休斯顿大学主修电脑。纵然忙于学校、睡眠与工作之间，这几乎占据了我一天二十四小时的全部时间，但只要有多余的一分钟，我总是会把所有的精力放在我的音乐创作上。

我知道写歌词不是我的专长，所以在这段日子里，我处处寻找一位善写歌词的搭档，与我一起合作创作。而就是她——凡内芮，改变了我的一生。

一个星期六的周末，凡内芮热情地邀请我到她家的牧场去烤肉。她的家族是德州有名的石油大亨，拥有庞大的牧场。她的家庭虽然极为富有，但她的穿着、所开的车、与她谦诚待人的态度，更让我加倍地打从心底佩服她。凡内芮知道我对音乐的执著。然而，面对那遥远的音乐界及整个美国陌生的唱片市场，我们一点路子都没有。此时，我们两个人坐在德州的乡下，我们都不知道下一步该如何走。

突然间，她冒出了一句话："想象你五年后在做什么？"我愣了一下。她转过身来，手指着我说："嘿！告诉我，五年后你心目中最希望'你在做什么，你那个时候的生活是一个什么样子？"我还来不及回答，她又抢着说："别急，你先仔细想想，完全想好，确定后再说出来。"我沉思了几分钟，开始告诉她："第一，五年后，我希望能有一张唱片在市场上，而这张唱片很受欢迎，可以得到许多人的肯定；第二，我住在一个有很多很多音乐的地方，能天天与一些世界一流的乐师一起工作。"

凡内芮问："你确定了吗？"我慢慢稳稳地回答了，凡内芮接着说："好，既然你确定了，我们就把这个目标倒算回来。如果第五年，你有一张唱片在市场上，那么你的第四年一定是要跟一家唱片公司签上合约。"

"那么你的第三年一定是要有一个完整的作品，可以拿给很多很多的唱片公司听，对不对？第二年，一定要有很棒的作品开始录音了。第一年，就一定要把你所有要准备录音的作品全部编曲，排练就位准备好。第六个月，就是要把那些没有完成的作品修饰好，然后让你自己可以逐一筛选。那么你的第一个月就是要把目前这几首曲子完工。那么你的第一个礼拜就是要先列出一整个清单，排出哪些曲子需要修改，哪些需要完工。"

"好了，我们现在不就已经知道你下个星期一要做什么了吗？喔，对了。你还说你五年后，要生活在一个有很多音乐的地方，然后与许多一流的乐师一起忙着工作，对吗？如果，你的第五年已经在与这些人一起工作，那么你的第四年照道理应该有你自己的一个工作室或录音室。那么你的第三年，可能是先跟这个圈子里的人在一起工作。那么你的第二年，应该不是住在德州，而是已经住在纽约或是洛杉矶了。"

1977年，我辞掉了令许多人羡慕的太空总署的工作，离开了休斯顿，搬到洛杉矶。

说也奇怪：不敢说是恰好五年，但大约可说是第六年。1983年，我的唱片在亚洲开始销起来，我一天二十四小时几乎全都忙着与一些顶尖的音乐高手，夜以继日地一起工作。每当我在最困惑的时候，我会静下来问我自己：五年后你"最希望"看到你自己在做什么？如果，你自己都不知道这个答案的话，你又如何要求别人或上帝为你做选择或开路呢？别忘了！在生命中，上帝已经把所有"选择"的权力交在我们的手上了。

　　**人生是需要规划的，是需要有目标的。但是目标太大太久远却是难以实现的。所以，聪明的人固然有长期目标，也有短期目标。**为了实现长期目标，他们会将长期目标分解成短期目标和中期目标。1984 年，在东京国际马拉松邀请赛中，名不见经传的日本选手山田本一出人意外地夺得了世界冠军。当记者问他凭什么取得如此惊人的成绩时，他说了这么一句话：凭智慧战胜对手。当时许多人都认为这个偶然跑到前面的矮个子选手是在故弄玄虚。马拉松赛是体力和耐力的运动，只要身体素质好又有耐性就有望夺冠，爆发力和速度都还在其次，说用智慧取胜确实有点勉强。

　　两年后，意大利国际马拉松邀请赛在意大利北部城市米兰举行，山田本一代表日本参加比赛，这一次，他又获得了世界冠军，记者再次请他谈经验。山田本一回答的仍是上次那句话：用智慧战胜对手。人们对他所谓的智慧迷惑不解。

　　10 年后，这个谜终于被解开了，他在自传中是这么说的：每次比赛之前，我都要乘车把比赛的线路仔细地看一遍，并把沿途比较醒目的标志画下来，比如第一个标志是银行；第二个标志是一棵大树；第三个标志是一座红房子……这样一直画到赛程的终点。比赛开始后，我就以百米赛跑的速度奋力地向第一个目标冲去，等到达第一个目标后，我又以同样的速度向第二个目标冲去。40 多公里的赛程，就被我分解成这么几个小目标轻松地跑完了。

　　原来如此！山田本一的"捷径"不是偷工减料把路程缩短，而是用化整为零的办法把复杂的赛程简化为几段，让漫长得看似遥遥无期的赛道变成一个个容易到达的小终点。这是把心理学活学活用，用成就感激励自己投入到下一轮拼搏当中，由于心怀喜悦，疲劳就减轻了许多，而且下一个目标并不遥远，所以心理上不会有太大压力。所以说，有长远目标是好的，但是也要同时懂得制定短期、中期目标。这样就会一个一个地实现小的目标，中期目标，最终达成自己的人生目标。

### 马上行动

很多人以为自己有明确的目标就可以成功了，其实不然。有了明确的目标还得需要要切实可行的计划。也就是说还得有向着目标奋进的方法，要把最终目标分解成一个个的小目标。因为实现小的目标更容易，而每实现一个小的目标对自己也是鼓励。所以说，如果你有目标还是不够的，现在马上应该做的是把目标分解成可行的步骤，然后去徐图而为，努力地实现它。

## 6. 你走你的路，没有人会无缘无故地来干扰你

老是把自己当珍珠，就时常有怕被埋没的痛苦；把自己当泥土吧！让众人把你踩成路。

——鲁藜

一位年轻作家初到纽约，马克·吐温请他吃饭，陪客有 30 多

人，都是本地的达官显贵。临入席的时候，那位作家越想越害怕，浑身都发起抖来。"你哪里不舒服吗？"马克·吐温问。"我怕得要死。"这位年轻作家说，"我知道，他们一定会请我发言，可是我实在不知道我应该对他们说什么，一想起可能要在他们面前出错，我就心神不宁。"马克·吐温哈哈大笑说："呵呵，你不用害怕，我只想告诉你，他们可能要请你讲话，但任何人都不指望你有什么惊人的言论。"

马克·吐温的话对很多年轻人来说都是适用的。在人的一生中有很多第一次，比如第一次演讲、第一次独立做事、第一次被领导委派任务等等。这些未知又重要的事情会让我们感到紧张。因为我们总是认为很多人都在关注着我们，认为我们的所作所为对他们来说很重要。但是实际上，正如最近网络上流传比较广的一个贴子所写的那样——《你没有那么多观众》：

许多人一起用餐，和你坐在一起的有你的领导、你的朋友、还有陌生人。不小心，你把酒杯碰倒了，酒液流出来，洒在你腿上。你慌忙地拿纸巾去擦，又把碟子碰到了地上……

这个时候，你觉得很狼狈，面红耳赤起来。可是，你有没有想过，你根本就没有那么多的观众。你的领导、你的朋友、陌生人，都在喝酒，都在高谈阔论，他们没有注意你的狼狈，他们也没有注意你已经面红耳赤。唯独你不高兴，唯独你觉得自己丢了面子。

还有，你在酒桌上，你想讲一个笑话，你讲啊讲，讲到最后，没有人在笑，大家还在碰杯，还在调侃，他们似乎根本没有听到你的笑话，你突然觉得很尴尬。可是你有没有想过，你根本没有那么多的观众。

有一个朋友，和我讲了一个关于他自己的笑话。有一次和他的同事、领导喝酒，喝啊喝，中途，他起身到外面透透风。等透完风回来时，发现包厢门已经锁上了。他试着想打开，却没有成功。他就在大厅里等，他开始翻阅大厅里的报纸，报纸翻完了，他们没有结束。他再和大厅里的一位小姐聊天儿，天儿聊得无话可说了，他们还是没有结束。

一个小时后，他想他们应该结束了。于是再去看，却发现人去房空，他们早就从另一个通道走了，看来大家都把他忘了。朋友说："我在单位一直认为自己是个重要的人物，但这餐饭后，我发现自己什么都不是。"

朋友的这个故事，很残酷，但你不得不接受。任何场所，每个人都有自己的位置，许多时候你只是一个配角，一个无关重要的配角，你只能自己欣赏自己，自己照顾自己，然后学会自娱自乐。

**事实上，我们周围的人都有自己的事要做，他们没有那么多时间把注意力完全集中到你身上，他们只是把我们当成一个普通人来看待，他们并不期望你能干出多么惊天动地的大事。**所以说，你只要和别人一样，按部就班地做好应该做的事情就可以，因为别人不会过于关注你，因为你的所作所为与他们也许并没有多大的关系。

有句话说："20岁时，我们顾虑别人对我们的想法；40岁时，我们不理会别人对我们的想法；60岁时，我们发现别人根本就没有想到我们。"这并非消极，这是一种人生哲学——学会看轻你自己，才能做到轻装上阵，没有任何负担地踏上漫漫征程，你的人生路途才能更坦直。

我们经常会遇到很多年轻人，他们踌躇满志，意气风发，认为能力非凡，无所不能，遇佛杀佛，遇神弑神，认为自己就是整个世界的中心，所有的人都要围绕自己转，"自信人生二百年，会当水击三千里"。但是实际上并非如此，因为没有人会以他人为中心，没有人会围绕着他人转的。

　　心理学认为，每个人心中都或多或少地有一点"本我"的私心，只不过有些人只有"本我"，没有"他我"，处处以自我为中心。自我中心是人的一种个性特征，在交往中是一种严重的心理障碍。自我中心者为人处世以自己的需要和兴趣为中心，只关心自己的利益得失，而不考虑别人的兴趣或利益，完全从自己的角度，从自己的经验去认识和解决问题，似乎自己的认识和态度就是他人的认识和态度，盲目地坚持自己的意见。

　　当然，在乎他人对自己看法的人并不都是"本我"的人，但是他们太在乎别人对自己的态度，过于担心自己因为做错了事而在别人心中落下的不良影响。事实上，我们并不是所有人的主角，没有多少人会做我们的观众。尤其是在这样一个忙碌的时代，没有人会有太多的时间去看别人如何奋斗，而都是忙着做自己的事情。因此，当你要做一件重要的事情时，不要太顾忌他人，不要以为你的所作所为会对别人产生什么影响，只要不侵害他人的利益即可。

### 马上行动

　　每个人的中心都只是自己，每个人真正时时刻刻会关注的也只有他自己。没有人愿意放弃自己，而去当别人的观众。所以你也千万不要"自作多情"，认为会有很多人来干扰你，因此而导致你不能好好地工作，不能去实现自己的人生蓝图。自信固然是重要的，认为自己是重要的也是理所当然的，但是要摆正心态，去做好自己本分的工作，去一步步地实现自己的理想，到那个时候，你才会成为万众瞩目的"明星"。

# 7. 二十岁时把自己当三十岁，三十岁时把自己当二十岁

> 满脸红光，嘴唇红润，腿脚灵活，这些并不是青春的全部。真正的青春啊，它是一种坚强的意志，是一种想象力的高品位，是感情的充沛饱满，是生命之泉的清澈常新。
>
> ——塞缪尔·厄尔曼

德国作家塞缪尔·厄尔曼写了一篇十分短小但是却备受世人喜爱的文章《青春》。这篇文章被麦克阿瑟将军贴在镜子上，被松下集团创始人松下幸之助视为座右铭。这篇文章的全文如下：

人生匆匆，青春不是易逝的一段，青春应是一种永恒的心态。满脸红光，嘴唇红润，腿脚灵活，这些并不是青春的全部。真正的青春啊，它是一种坚强的意志，是一种想象力的高品位，是感情的充沛饱满，是生命之泉的清澈常新。青春意味着勇敢战胜怯懦，青春意味着进取战胜安逸。岁月的轮回就一定要导致衰老吗？要知道呵，老态龙钟是因为放弃了理想的追求。无情的岁月的流逝，留下了深深的皱纹，而热忱的丧失，会在灵魂深处打下烙印。焦虑、恐惧、自卑，终会使心情沮丧，意志消亡。60岁也罢，16岁也罢，每个人的心田都应保持着不泯的童心，去探索新鲜的事物，去追求人生的乐趣。我们的心中都应有座无线电台，只要不断地接受来自人

类和上帝的美感、希望、勇气和力量，我们就会永葆青春。倘若你收起天线，使自己的心灵蒙上玩世不恭的霜雪和悲观厌世的冰凌，即使你年方20，你已垂垂老矣；倘若你已经80高龄，临于辞世，若竖立天线去收听乐观进取的电波，你仍会青春焕发。

　　这篇文章的主要意思是指一个人无论在什么年龄都要保持积极、乐观、努力向上的干劲，都要"不断地接受来自人类和上帝的美感、希望、勇气和力量"，为了自己的理想而不断地去奋斗。可实际上，很多人在刚到三十岁的时候就觉得自己老了，认为人生已经如此，然后就破罐子破摔，不思进取，只是混日子。其实并不然，三十岁也只是人生才开始不久，还有很多的时间去努力，去争取，而不应该"焦虑、恐惧、自卑"。

　　在美国某年学校里，有一个新生在校园里闲逛时，遇到一个个子娇小、满脸皱纹的老妇人。她微笑地看着他，她那发自内心的微笑使得她整个人看上去神采奕奕，浑身散发出悦人的光芒。她说："嗨，小伙子。我叫Rose（玫瑰），我80岁了，你能拥抱我吗？"他听了大笑起来，然后给了她一个热情的回答："当然，只要你愿意！"随后，他给了她一个夸张的拥抱。

　　"为什么在这样的一个年纪，您还要来上大学？"他笑着问她。玫瑰风趣地回答："我到这里来，是想遇见一个富有的丈夫，和他结婚，然后生一双儿女，最后退休后去旅行。"年轻人望着她，很好奇地想，是什么使得她在这样的年龄还能保持青春的气息。

　　在这一年里，Rose成了校园里的一个偶像，不管她走到哪里，都能很容易地交到朋友。我知道她的身体并不是很好，但她总是慈祥地笑着，而且打扮得很漂亮，并且对自己能够吸引别的学生的注意力而洋洋得意，每天她都过得十分快乐。

　　在学期结束的时候，Rose做了一个演讲。她在台上说："对不起，我非常地激动！我和你们一样，喝的是威士忌，而不是啤酒，所以我会这样的兴奋！但我可从没打算放弃我的演讲，我想把我所知道的一切都告诉你们！"学生们都笑起来，她清清嗓子，继续说："我不能停下来，因为我老了。一旦我停下来，我会老得更快。保持年轻、拥有快乐、获得成功有 3 个秘诀：每天你都要欢笑；学会发现生活中的幽默；你要有自己的梦想，如果失去了梦想，你就已经死了。但遗憾是，在我们周围有许人，甚至在他们死去时也没有懂得这个道理！"

停顿了一下，她接着说道："变为老人和长大成年，它们是这样的截然不同。如果你只有 20 岁，假如你一整年都躺在床上，而且不做一件有意义的事，你会是 21 岁；如果像我这样的 80 岁，我整整一年都躺在床上，我就会变成 81 岁。这两个数字是有着很大差别的，也许在你 21 岁时你觉得你还有大把的时间可以挥霍，当你到 81 岁时你绝不会这么想了。任何人都会变老，它无关天资和能力，但是任何人也可以永远年轻，只要你保持良好的心态，只要你认为自己的生命充满活力，就一定会青春永驻心中！"她用一首充满了鼓舞力量的歌曲《玫瑰人生》结束了她的演讲，并让每个人都跟着她演唱，还让他们记住青春是永远存在的，只要你保持良好的心态，就会永远不老，成功也会不期而至。

**青春从来不属于某一个年龄段的人，即使你正处于二十多岁的美好年华，但是如果你饱食终日，无所事事，那也等同于衰老，而如果像玫瑰一样，虽然年届八十，但是仍然能够积极向上，散发出青春的活力，那也是正处于人生的青春期。所以说无论在什么年龄，你都可以保持青春的活力，只要你愿意。**

我们会发现很多人在三十岁以后就失去了追求理想或者是目标的动力，认为自己已经衰老，已经失去了斗志，被更为年轻的后来者拍在了沙滩上。但是事实上三十岁也有三十岁的好处。人到三十岁，在社会上已经历练了有些年，所以人生经历比较丰富，也就比较懂得人情世故，能够比二十岁时更好地处理人际关系，能够更理性地对待工作中遇到的问题，而这正是二十多岁初入社会时急需又急缺的。所以说，如果你正在二十多岁的年龄时，在意气风发的时候，也不妨学着像三十岁的人一样能够有一种良好的心态，能够沉稳地对待生活。

三国时期，曹操的重要谋臣郭嘉就是一个少年老成的人。在同龄人祢衡狂妄不已，认为自己老子天下第一的时候，郭嘉却比老到的曹操还要老成，凡事都考虑得十分全面，办事也十分沉稳，所以曹操都如此评价这个年轻人"使孤成大业者，必此人也"，事实也证明，郭嘉不仅是个聪明的年轻人，给曹操出谋划策，帮他打了不少胜仗，而且是个沉稳的年轻人帮曹操制定了有利于长期稳定与发展的屯田制。

由此可见，在二十多岁时有志气，做事情有干劲是好的，但是如果能够再像三十岁的人一样办事沉稳、干练，那会更有利于个人的成功。所以，总地来说，一个人想要成功不仅要一直有激情，永葆青春气息，还要能够沉稳、干练，能够老到周全地处理所有的问题。

## 马上行动

激情四射、奋发向上，为理想而努力拼搏是年轻人的优势，但并不单单属于年轻人，因为对理想、对人生的追求属于每一个人，属于每一个渴望成功的人，所以无论你是二十岁的人还是三十岁的人，甚至是七八十岁的人，只要你想要改变自己的人生，就需会有激情去做自己想做的事。想要取得成功只有激情是不够的，还需要有三十岁人的沉稳与干练，要能够很好地处理人际关系，能够懂得人情世故。

# 8. 人生有个神秘的"七年周期"

> 美好的意愿如同一支箭，中途落下了，或飞向一旁，可是谁敢用这种方法来衡量得失？失败可能是变相的胜利；最低潮就是高潮的开始。
>
> ——朗费罗

众所周知，在婚恋中有一个"七年之痒"，意思是指在婚恋关系到达一定时间之后就会产生因太熟悉而懈怠，而感到厌倦的感觉。如果能够挺过这段时期，婚恋关系就会更加稳固；而如果不能挺过，婚恋关系则可能就会因此而出现问题。其实这与人的身心是相关的。关于婚恋关系中为什么会出现这种现象，不同的人有不同的解释。有一种解释是因为人生存在着一个循环往复的周期。

事实上，所有的事情都存在着一个循环往复的周期。一切运动都是有周期性的。人生也如同股市，多有震荡，有高潮也有低谷。因此我们最好搞清楚自己人生的周期，以便提前做好规划。了解什么时候是自己的上升周期，什么时候是自己的下降（或调整）周期，这些很重要，清楚自己人生的拐点，这样对自己规划人生，设计成功都是相当重要的。

每一个人的人生也都是有上升周期和下降周期的，都会遭遇上下波动，就这样循环往复，以至无穷。处在上升周期的时候，不要得意忘形，更不要看不起人；毕竟上升到一定程度的时候，就会跌下来。处在下降周期的时候，也不要怨天尤人、自暴自弃、过于绝望；毕竟下跌到一定程度的时候，就会反弹、甚至反转，从而开启新的人生。具体来说，处在上升期的时候，大胆地进取，在有利的时间和地点，做对自己有利的事情。

汉初梁国成安县人韩安国具有非凡的才能，很受梁孝王刘武器重，任国相。七国之乱时，他奉梁王之命在东线抵御吴国的军队，韩安国稳固防守，因此吴军不能越过梁国的防线，吴楚叛乱平息，韩安国名声显扬。后来他随刘武进京，在京城时他凭借自己的名气大力与皇室结交，因为他帮助梁王解决了很多问题，所以很受窦太后的喜爱，因此与朝廷建立了良好的关系，更加稳固了自己的地位。可以说他在人生的上升期抓住了机会，大胆地进取做了很多对自己有利的事情。

这是在人生上升期的正确做法，而当处在人生最底部的时候，我们应该怎样做呢？有智者认为：在人生处于低谷之时，不能自暴自弃，要看到希望和光明，要保存自己的实力，积极为自己的人生而努力寻找东山再起的机会。

韩安国虽然在朝廷中建立了一定的关系，但是并没有在朝中任职，而是回到了梁国继续任大夫。后来后来韩安国因犯法被判罪，韩安国一直派人在朝廷中秘密活动，争取早日出狱，再创辉煌，他派人送厚礼给当时手握重权的丞相田蚡。当时他被关在蒙县监狱之中，狱吏田甲经常以侮辱韩安国为乐。有一次韩安国生气地说："死灰难道就不会复燃吗？"田甲说："要是再燃烧，就撒一泡尿浇灭它。"

过了不久，梁国内史的职位空缺，韩安国在朝廷中的活动起作用了，当年在朝中建立的关系在此派上了用场。不久之后，窦太后亲自派使者来命令梁王任命韩安国为梁国内史。田甲得知之后，想要弃官逃跑。韩安国传话说："田甲不回来就任，我就要夷灭他的宗族。"田甲便脱衣露胸前去谢罪。韩安国笑着说："你可以撒尿了！像你们这些人值得我惩办吗？"韩安国不但没有惩罚他，而且友好地对待他一直到最后。

韩安国在人生处于低潮时，并没有像他人一样自怨自艾，而是不断地去寻找机会，力图东山再起，对别人对自己的侮辱也不在意。这才是正确对待人生低潮的态度。

韩安国对待人生两种境遇的态度告诉我们，当你在人生达到顶峰的时候，不要胡乱挥霍成功，要记住物极必反，要利用有利的时机为自己创造更多的成功机会，这样可以增加成功的几率，少走很多弯路，而且会给自己提供风险保障；如果人生陷入了低谷，就要学习老子的"无为"，要大胆地"减仓"，拿得起、放得下，低调一点，并努力寻找再一次雄起的突破口。

有首歌是这样唱的："我知你正在失意时刻，历尽沧桑和许多波折，知道哪里才有真正的快乐，人生路它本来坎坷，充满了痛苦和挫折，没有付出怎能期待获得，往事虽已不堪回首，有些事情我们应该记得，人生就像潮起潮落，在艰苦之中肯定自我。"任何一个有所追求的人，他的一生都不会是一帆风顺的，都会遇到起起落落，都会有人生周期的循环往复。但是并不是所有的人在遇到人生周期时能够以一种正确的态度对待。西楚霸王项羽当年遭遇了人生的巨大挫折，但是他"不肯过江东"，选择了自杀，拿破仑虽然卷土重来了一次，但是却因为没能好好把握而又遭遇了失败，最终死在了圣赫勒拿岛上。更有的人则因为在人生的上升期时过于张狂而惨遭失败，比如三国时期的曹爽，就是因为在与司马懿争夺权力时，因为暂时处于上风而洋洋得意，不加防范，结果被司马懿一举干掉。

因此，每个人不仅要懂得分清自己处在人生周期的哪个阶段，还要懂得在不同的人生周期时，要有不同的态度。人生得意时莫骄狂，而如果遭遇失意，也不要灰心。无论在什么时候都要用一种积极进取的态度去对待，只有这样，才会使你的上升期更加上升，而使你在人生低潮时也不会虚度年华。

马上行动

没有什么是永恒的，不要因为一时的挫折和失意而萎靡不振，只要你有足够的毅力与耐心就一定会看到成功在向你招手；而如果你正走在成功的道路上，也不要因为取得的成就而骄傲自满，而是要积极寻找维持成功或者能够帮助自己走向更大成功的助力。

有人说："你的形象价值百万。"这句话虽然略显夸张，但是却也不是一点儿道理都没有的。形象的确是非常重要的。一个良好的形象不仅能够引起他人的注意，提高你的注意力影响，还能够向他人彰显你的风采、你的个人魅力。这一切都有助于你取得成功，所以说每个人都要学会包装自己，设计自己的形象，使自己能够显现与众不同的风采，能够使形象助你在成功之路上更进一步。

包装自己，
　　设计自我形象不是明星的专利

第三章

# 1. 要帮自己建一个别人拿不走的身份

> 在这样一个世界当中，如果你有独一无二的新思想，并很好地运用到实际当中，任何事情都是可能的。
>
> ——约玛·奥利拉

据说，如果扣除全人类中三分之二的老人与青少年人口，每个人在全球单一人力资源市场上所面对的竞争者差不多有十亿人之巨。而这已经是"现在式"，而非"未来式"。如何在十亿大军中鹤立鸡群或至少保有竞争优势，或者说如何让企业主在相同的雇用成本下对你产生认同感，将你延揽到旗下来是一个件非常重要的事情。

人力资源学家认为：想要使自己取得成功，首先要得到他人的认同，得到他人的认同，首先需要得到他人的注意，想要得到他人的注意力，首先要为自己建立一个别人拿不走的身份，也就是说要使自己与众不同起来。

在西安交大南门西侧人行道上，停放着一辆人力三轮车。车上放着一个玻璃食品陈列柜，里面是各式各样的冰糖葫芦。三轮车旁，坐着一个穿白T恤的女孩，她斜背着一个时尚的皮包，两个大大的银色耳环随着笑容不停摆动……"来4串糖葫芦！"随着两名男孩的喊声，女孩迅速起身，麻利地从陈列柜中取出4串糖葫芦，用糯米纸包好，递到男孩手中，"12块！"付过钱的两名男生拿着糖葫芦走进交大校园。这个青春、靓丽、时尚的女孩子叫康晓菡，在大学校园旁卖冰糖葫芦。不足一年，康晓菡迅速走红西安交大校园，被男生们冠名为"糖葫芦西施"。很多记者前去采访，很多人将其照片传到网络上去，很快这个"糖葫芦西施"就红遍了网络。

以上片段就是摘自某记者的采访新闻。从这段消息中，我们看到她的糖葫芦居然卖 3 元钱 1 串。所以，与其说她卖的是糖葫芦，不如说她"卖"的是自己的年轻美貌——当然她的这种行为是正当的。许多人从经济学的角度来分析，将其定义为"美女经济学"，也是"注意力经济学"的一种。

所谓注意力经济学，是指注意力也会成为一种可以吸引消费者来消费的激励机制。如果一个人能够有足够的注意力，那么他也能依靠注意力而创造一定的经济收益。这个年轻美丽的姑娘卖糖葫芦就是因为自己为自己建立了一个别人拿不走的身份，所以她的生意才会如此的好。**人力资源学家高德哈巴认为，如果你有大量的注意力，你就是某种类型的明星。也就是说，你只要建立了属于自己的身份就能够取得成功。**

那么作为一个普通人应该如何建立自己与众不同的身份呢？一般来说可以通过以下四个步骤来逐步建立自己的"特殊身份"：

**一、拓展**

延伸学习的触角，察觉自己优于他人的天赋。在物竞天择的自然生存法则之中，单一个体间的差异化是物种得以延续族群命脉的关键。实际上据科学研究，每个人都有很多终其一生都没有被自己发现的潜能，也就是说每个人都具备独特的潜能与特质。

哈佛大学贾德纳教授提出多元智能理论，将人类的智能区分为语文、逻辑数学、空间、音乐、肢体运动、人际沟通和个人内省等七大项。如果投入相同时间与精力学习特定智能，具备先天智能优势者，将能事半功倍，不仅学习过程兴趣盎然，也能具有过人的成就，因此建立竞争优势的首要之务，便是要广泛地扩大自己的习惯领域，拓展学习的广度，发掘出自己与众不同的，先天优于他人的先天智能。

## 二、深耕

如果你寻找到了自己的先天优势智能，就一定要选择与自己的先天智能相关的职业领域，并着手去钻研该领域的知识技能或能力，以强化该职业技能的学习，为了提高学习的投资报酬率，应尽量挑选失效期长，且学习期长或学习难度较高的职能。因为职能的失效期愈长，愈可避免费尽千辛万苦所获得知识、技能或能力，随着时间而快速失值或减值。挑选学习期较长或难度偏高的职能，则可提高后进者的门槛，减缓后进者或跟随者迎头赶上的速度。

失效期长、学习期短、难度低的职能，指的是简易零件组装之类的技能。失效期长、学习期长、难度高的职能，包括语文能力、系统思考力等。至于失效期短、学习期短、难度低的职能，可以家庭手工技能作为代表。如，电脑技能算是失效期短、学习期长、难度高的职能。

## 三、专精

根据科学研究一个人会同时拥有几项先天的智能，但是因为人的时间与精力等等都是有限的，所以每个人都要设法成为自己所选职能领域的一方高手，或至少成为该领域的专家。更要设法取得相关证明，如国家认证、执照、测验成绩或取得讲师、教练的资格，而不是成为全才，因为全才往往都是"样样精通，其实就是样样稀松"。

## 四、更新

当你取得某一特定领域的从业资格之后，就已经建立了自己的优势，但是这种优势并不是一成不变的，如果你不继续加强学习，会让同一领域中的其他人淘汰出局，所以为了保持对该专业领域的敏感度，还需要适度充电与吸收新知识。如果在深耕期挑选失效期较长的职能，则日后耗费在更新阶段的时间与精力愈少，可将时间投入于下一个拓展、深耕、专精、更新的循环，以便多取得几项技能。

总之，只要按以上步骤去做，就一定能够将建立属于自己的不可取代的身份。而在竞争如此激励的环境之中，也只有建立了完全属于自己的、无人取代的优势，才能永远立于不败之地。

## 马上行动

如何在10亿人之中保有竞争优势，使自己成为"万绿丛中一点红"的人，有赖于建立个人职业生涯的策划，取决于一个人是否勇于突破个人习惯领域，发掘潜能并通过深耕，而将潜能发挥到极致。

## 2. 塑造你的良好人格，让自己成为一个具有人格魅力的人

> 为了成功地生活，少年人必须学习自立，铲除埋伏各处的障碍，在家庭要教养他，使他具有为人所认可的独立人格。
>
> ——戴尔·卡耐基

现代管理科学将影响力分为两大类，一是权力影响力，也就是职位既有的影响力；二是非权力影响力，也就是个人的人格魅力所产生的影响力。权力正如人们所说的"有权不使，过期作废"，如果

权力过期了，那也就没有了用处，也就没有了影响力，而只有人格魅力才是永远存在的。人格魅力也指一个人在智慧、宽容、诚信、自律等这些良好性格、气质、能力中具有的很能吸引人的力量。

　　蒙牛集团总裁牛根生当年在伊利集团时任二把手，有很大的权力，所以也很有影响力，但是他最大的影响力却并不是来自权力，而是来自其本身的人格魅力。牛根生在面对记者采访时说了一段颇具哲理性的话："从无到有，再从有到无——任何人都少不了走这一步。在有生之年就看到自己从有到无，然后又转化成许多人的'大有'，我感到很欣慰。"牛根生的"财散人聚，财聚人散"的大有思维从小时候就形成了。《蒙牛内幕》记载：牛根生小时候把从母亲那里拿到的钱分给小伙伴，于是小伙伴都听他的话，甘愿为他干事，因此，他获得了孩子王的称号。牛根生在伊利的时候，公司拿了钱给牛根生买车，牛根生考虑到公司员工上班交通上的不便，放弃了给自己买车的计划，把钱拿去给员工添置了交通工具。所以，在他被伊利扫地出门之后，虽然一无所有，但是却得到了许多老部下的大力支持。后来，在"一无资金，二无市场，三无工厂"的情况下，他建立起了蒙牛集团这个草原帝国。

　　而马云在创建阿里巴巴之初也是如此，也是在人力、物力、财力资源都相当紧缺的情况下起步的，但是因为他的人格魅力，"十八罗汉"都孤注一掷地与他一起奋斗，而不是去追求高薪高位，最后他取得了巨大的成功。

　　由此可见，**真正的成功者从来不是靠权力才影响他人，而是靠人格魅力来征服他人。用人格魅力来获取人才、物力、财力，进而取得事业的成功。**所以说，作为一个想要取得成功的人，一定要塑造出自己的人格魅力。

　　美国纽约最著名的摩根银行的董事长兼总经理莫洛在成功之前是一个小法庭的书记员，后来他博得了大财团摩根的青睐，从而一蹴而就，成为全国瞩目的商业巨子。据说，摩根挑选莫洛担任这一要职，不仅是因为他在经济界享有盛誉，而且更多的是因为他非凡的人格魅力。

范登里普出任联邦纽约市银行行长之时，挑选手下重要的行政助理，首先便是以人格为挑选的重要标准。

美国电报电话公司总经理杰弗德也是靠其非凡的人格魅力才从一个小小的会计一步步攀升至此的。他常常对人说："没有人能准确地说出'人格'是什么，但如果一个人没有健全的特性，便是没有人格。人格在一切事业中都极其重要，这是毋庸置疑的。"

摩根、范登里普、杰弗德等领袖级的人物都非常看重"人格"，他们认为一个人的最大财产，便是"人格魅力"。一位高级商店高层管理人员曾经说："有些人生来就有与人交往的天性，他们无论对人对己、待人处世、举手投足与言谈行为都很自然得体，毫不费力便能获得他人的注意和喜爱。可有些人便没有这种天赋，他们必须加以努力，才能获得他人的注意和喜爱。但不论是天生的还是努力的，他们的结果，无非是博得他人的善意，而那获得善意的种种途径和方法中最佳的便是人格魅力。"

人格魅力主要表现在如下方面：

首先，在处理社会关系上，有人格魅力的人会对他人和对集体的有很大的真诚，极富热情，待人友善，还富于同情心，乐于助人，喜欢社会交往，关心和积极参加集体活动；对待自己严格要求，有进取精神，自信而不自大，自谦而不自卑；对待学习、工作和事业，表现得勤奋认真。

其次，在理性与感性上，这种人往往表现为感知敏锐，具有丰富的想象力，具有极强的逻辑思维能力，并且富有创新意识和创造能力，能够很完美地处理各种突发性的问题。

再次，在性格与情绪上，有人格魅力的人往往表现为善于控制和支配自己的情绪，能够时时处处保持乐观开朗、振奋豁达的心情，情绪稳定而平衡，与人相处时能给人带来欢乐的笑声，使人感觉如沐春风。

最后，在意志力上，具有人格魅力的人表现为目标明确，行为自觉，善于自制，勇敢果断，坚韧不拔，积极主动等一系列积极品质。他们能够为了自己或者集体的目标而奋力拼搏，能够不断地去完善自己，提高自己，以期能够更好地完成任务。

总之，人格魅力是一种无形的魅力。人格魅力不是来自魁梧帅气的气质，也不是来自于沉鱼落雁的容貌，而是通过一个人品质、作风、知识、才干、业绩以及行为榜样对他人所产生的影响力。人格魅力不是谁的专利，不是"头衔"、"官职"的附属品。没有职权的人，不等于没有人格魅力；有职权甚至职权很大的人，也未必就具有人格魅力。人格魅力是黏合剂，是一种超能力，它能够使所有的人都折服在自己的魅力之下，而且是心服口服的魅力，使他人能够心悦诚服地为自己效劳。

优秀的人格不是先天固有的，也不是从天上掉下来的，而是在实践中不断培养和修炼成的。所以每个人都要努力去修炼自己的人格魅力，因为这才是制胜最重要的法宝。

## 马上行动

约翰·韦斯利说："当你点燃自己时，人们自然就喜欢来靠近你的光和热。"这里的点燃自己就是培养人格魅力的过程。只有努力培养修炼品格的人都会具有人格魅力，只有这样的人才会取得成功，而那些斤斤计较、蝇营狗苟的人，那些哗众取宠、沽名钓誉的人，是永远形不成优秀的人格魅力的，也是永远不可能取得成功的。

# 3. 为自己制造口碑效应，成为圈子里的红人

> 如果你有能力，那么请运用你的能力来创造一个好的名声，如果你没有能力，那么就用你的智慧来创造名声，因为名声要比能力与智慧还重要。
>
> ——迈克尔·卡佛基

人人都知道关羽是三国名将，《三国演义》第五回中赞扬关羽温酒斩华雄这一壮举的诗篇为："威震乾坤第一功，辕门画鼓响咚咚。云长停盏施英勇，酒尚温时斩华雄。"但是他的这一机会并不是别人给的，而是毛遂自荐争取来的。

当时袁绍为讨伐董卓的盟主，袁术为督粮官，孙坚为先锋，曹操是联合讨伐董卓的发起人，刘备只是个小县令，关羽、张飞一个是马弓手，一个是步弓手，受公孙瓒之邀，也参加了讨伐董卓的行动。董卓部将华雄当先率精兵 5 万，迎战袁绍等人，华雄英勇善战，先斩鲍忠，再破孙坚，接着杀了俞涉、潘凤，众诸侯大惊失色。袁绍说："可惜吾上将颜良、文丑未至！得一人在此，何惧华雄?"话音刚落，关羽大呼而出："小将愿往斩华雄头，献于帐下!"袁绍问关羽何职，公孙瓒说他是刘备手下马弓手。袁术大喝："汝欺吾众诸侯无大将耶? 量一弓手，安敢乱言! 与我打出!"曹操出面说："公且息怒。此人既出大言，必有勇略；试教出马，如其不胜，责之未迟。"袁绍说："使一弓手出战，必被华雄所笑。"曹操说："此人仪表不俗，华雄安知他是弓手?"经曹操苦劝，关羽得以出战。临行前，曹操命令赐热酒一杯为他壮行，关羽让暂且斟下，提刀上马。

不多时，关羽回帐，把华雄的人头掷在地上，曹操所赐之酒尚温。关羽一举成名。人们都佩服关羽的勇猛，但是却没有看到他的没有"高山仰止"，敢于向大人物推销自己的举动。如果没有他的自我推荐，才能也就不会得到施展。

在社会上生活的人，谁都要满足自我的需要，都希望别人能承认、尊重、赏识自己的知识和才能。但是并不是所有的人都有机会向他人展示自己的才能，因此为了达到说话办事的目的，每个人都应该不断地想方设法在他人面前表现或推销自我，以使对方从心理上接受自己，为成功开通道路。也就是说要学会创造自己的口碑效应，让自己成为自己圈内的名人，成为圈子里的红人，这样就会得到很多人的青睐，进而获得很多成功的机会。

埃德沃·波克是美国杂志界的奇才。他在很小的时候成为波兰难民，是在美国的贫民窟中长大的，一生中只上过 6 年学。在 6 岁的时候，他随家人移民到了美国，在上学期间仍然要每天打工来赚钱，打扫面包店的橱窗，派送星期六早上的报纸，周末下午还要到车站去卖冰水，为了生存，他什么脏活、累活都干过。

13 岁时，因为家里没钱，不能再上学，不得不到一家电信公司工作。虽然工作很忙碌，但是他并没有忘记学习，仍然不断地自学。他省下了车钱、午餐钱，买了一套《全美名流人物传记大成》。接着，波克做了一件史无前例的壮举：他直接写信给书中的人物，询问书中没有记载的关于这些人的童年往事。例如，他写信问当时的总统候选人哥菲德将军，是否真的在拖船上工作过？他又写信给格兰特将军，问他有关南北战争的事。年仅 14 岁、周薪只有 6 美元 25 美分的波克却敢于直接向这些大人物推荐自己。结果他用这种方法结识了当时美国最有名望的大人物，如，哲学家、诗人、名作家、军政要员、大商贾、大富户。当时的那些名人们，也都乐意接见这位充满好奇心、可爱的波兰小难民。

获得名人们的接见，使波克一举成名，他决定利用自己创造出的名声来做一番事业。为此，他努力学习写作技巧，然后又向上流社会的名人毛遂自荐，替他们写传记。一时间，订单如雪片般飞来，波克需要雇用6名助手帮他写简历。当时，波克还未满20岁。不久之后，他就被《家庭妇女》杂志邀为编辑。波克成功地找到了一份自己喜欢做的工作之后，一做就是30年，凭借自己的才能与努力，他将这份杂志变成了全美最高销量的妇女刊物，而自己也成为身价上千万的成功人士。

波克绝对是一个普通得不能再普通的人，甚至他并不如普通人，因为他连学都上不起，饭都吃不上，但是他却关于"钻营"，为自己创造了极佳的口碑效应，让自己从一个一文不名的难民变成了一个倍受大人物瞩目的"小人物"，进而取得了成功。

**如果有能耐、有人脉，用不着自己去推销自己，人家自然会找上你；如果只是自己认为自己有能耐并没有得到广泛的认可，或者刚刚从事某一行业，自己的潜力没有得到挖掘，不妨学着去推荐自己、出售自己、让自己成为有轰动效应的人。**在传统理念中，人们都不愿意去自我推销，认为"好酒不怕巷子深"，认为自己去推荐自己是一种低三下四的行为。但是实际上，即便是好酒，如果巷子太深，没有人知道，也不会有人来买，或者不会卖一个好价钱，自己的才能得不到施展。所以说，每个人都要敢于抹下面子，去推销自己，去创造自己的名人效应，只有这样，才有可能使自己这块金子不会埋于土中。

历史上便有许许多多的人都是通过自我推销而走上了成功的人生之路，最有名的就是毛遂自荐的故事了。很多普通人也是因为敢于毛遂自荐，而成就了令人瞩目的事业。所以，作为一个想要有所作为的年轻人，不要横冲直撞，也不要苦苦等待，而是要主动出击，主动推销自己，让自己成为圈中的红人，让名气来帮助自己成功。

马上行动

著名沟通顾问阿克·卢斯伯格说:"在做任何事的时候,你对自己和自己的能力越有信心,你获得成功的可能性就越大。这不是骄傲自大。这是必要的准备,它知道如何控制你的异常行为,把压力转化为积极的动力。"

## 4. 仔细想想,你还有哪些潜能没有挖掘出来

> 在我们的潜意识中,在靠近日常生活意识的表层的地方,有一种"过剩能量储藏箱"存放着准备使用的能量,就好像存放在银行里个人账户中的钱一样,在我们需要使用的时候,就可以派上用场。
>
> ——柯林·威尔森

一位农夫14岁的儿子开着他的轻型卡车从地里经过,由于年纪还小,他还不被允许考驾驶执照,但是他对汽车很着迷,似乎已经能够操作一辆车子了,因此农夫准许他在农场里开这辆客货两用车,但是不准上外面的路。突然间,农夫看到汽车翻到水沟里去,他大为惊慌,急忙跑到出事地点。沟里有水,而他的儿子被压在车子下面,躺在那里,只有头的一部分露出水面。这位农夫并不很高大,但是他却跳进水沟,把双手伸到车下,把车子抬了起来。一个路过

的朋友帮他把孩子从底下拖了出来。医生很快赶来了，给孩子检查一遍，只有一点皮肉伤，其他毫无损伤。这时农夫才开始觉得奇怪，刚才去抬车子的时候根本来不及想一下自己是否抬得动，由于好奇他就再试了一下，结果根本就动不了那辆车子。

美国人史蒂文因一次交通意外导致双腿无法行走，依靠轮椅生活了 20 年。他觉得人生没有了意义，喝酒成了他忘记愁闷和打发时间的最好方式。有一天，他醉醺醺地从酒馆里出来，跟往常一样坐轮椅回家，碰上了 3 个抢他钱包的劫匪。他拼命呐喊、拼命反抗，被逼急了的劫匪竟然放火烧他的轮椅。轮椅很快燃烧起来，求生的本能让史蒂文忘记了双腿不能行走，他立即从轮椅上站起来，一口气跑过了一条街。事后，史蒂文说："如果当时我不逃，就必然被烧伤，甚至被烧死。我忘了一切，一跃而起，拼命逃走。当我终于停下脚步后，才发现自己竟然会走了。"后来，史蒂文已经找到了一份工作，他身体健康，现在，生活也十分快乐。

是什么超能力让一个农夫抬起了一辆卡车，又是什么超能力让一双 20 年来无法动弹的腿在危急关头站了起来呢？很显然，这不仅仅是身体的本能反应，它还涉及到人的内在精神在关键时刻所爆发出的巨大力量，也就是说人的潜能在不期而遇的时候爆发了出来。**现代心理学所提供的客观数据让我们惊诧地发现，绝大部分正常人只运用了自身潜藏能力的 10％。可以说每个人都是一座"潜能金矿"，都有很多未发现的能力等待被挖掘。**

每个人都想挖掘自己的潜能，但是潜能的挖掘并不是一件容易的事，而是需要先认清自己、发现自己，才能挖掘自己。成功学大师安东尼·罗宾认为潜能的挖掘一般可以从以下几个步骤来进行：

**一、学会正确归因**

潜能需要激发，这种激发是一个过程。在这个过程中，很多因素会影响我们是否能顺利激发潜能，能否正确归因就是其中一个关键因素。

很多人明知自己不比其他人笨，但是当他们遭遇失败时，就会归咎于自己的能力不行，即使取得了一定的成就，也往往会认为是自己运气好。这种人要么感到自卑，要么心存侥幸，因此就没有工作的积极性，不愿意投入更多的时间和精力来工作。这种消极归因使人们忽视了自己那巨大的可利用的智力潜能。所以说，首先要学会正确的归因。

积极归因，是我们每个人都需要学会的。当取得进步时，可以将其归功于"自己的努力"，这样会激发自己想进一步取得成功的欲望和继续努力的动力；也可以把这些进步当作自己能力强的体现，从而使自己产生一定的满意感，增强成功的信心。如果偶有失败，我们也大可把失败归因于任务太重或运气不好，这样既可为自己"开脱"，使自己获得心理平衡，也可鼓励自己更加努力，并克服困难。

**二、养成良好的习惯**

好习惯能够自发地使人们的潜能指引思维和行为朝成功的方向前进，会激发成功所必需的潜能，坏习惯则在腐蚀有助于我们成功的潜能，所以每个人都要培养有助于挖掘自我潜能的好习惯。有了良好的习惯，才会像那只突然被放进滚烫开水里的青蛙一样，被激发出无尽潜能，始终保持生命的活跃状态，而不会在无所事事中趋于平庸和颓废。

**三、广泛收集信息**

因为潜能是隐藏起来的，所以每个人都不知道自己的潜能之所在。这就需要对各种行业进行接触，接触得越多，越能激发出自己的潜能，越能使自己发现自己隐藏起来的超能力。所以要广泛地搜集信息，扩充自己的认知面。

总之，潜能是指人具有的但又未表现出来的能力。正是因为潜能的隐蔽性，许多人并不能够有效地认识和开发自己的潜能，但是通过提高认识、学习技巧、培养感受力领悟力、坚强意志等方法都能够发挥人的潜能。也正是因为潜能有隐蔽性，很多人因为没有开发出自己的潜能来，所以不能取得成功，这就更显得潜能开发的重要性。也可以说只要挖掘出了自己的潜能，就都能够取得成功，作为一个想要取得一定的成就，或者想要实现一定理想以及目标的人就更要去挖掘自己的潜能了。

**马上行动**

　　人的潜能是无限的，但是人的时间与精力是有限的。所以如果你想要取得成功就要抓紧去挖掘你的潜能。根据自身的条件，根据对自己的已知了解去开发未知潜能，使自己能够找到更加容易促使自己成功的能力。

## 5. 人人都有一双"势利眼"，人靠衣装一点不错

> 一个人的形象就是他的教养、品位、地位的真实写照。
>
> ——金正昆

　　1960 年，时任副总统的共和党人理查德·尼克松和约翰·肯尼迪进行竞选辩论。这是美国历史上第一次总统候选人在电视上进行辩论。竞选当天，年轻英俊的肯尼迪显得精力充沛，活力无限，给观众留下了非常好的印象，而副总统尼克松则因为工作了一天，非常劳累，精神显得萎靡不振，而且脸色也不好，结果原本在民调中

领先的他最终败给了形象气质俱佳的民主党候选人肯尼迪。那天晚上，尼克松穿着一身灰色西服，和灰色的背景混沌成一片，浓密的胡须给人一种气势汹汹和刁钻诡诈的感觉；肯尼迪则潇洒自如，气度非凡。肯尼迪越是自如尼克松越是紧张，在全国的电视观众的注视下，尼克松展示的是胆怯、怀疑和内心的紧张。刮须膏混着汗水从尼克松青白的脸上流了下来。尼克松在败选之后曾经恶狠狠地骂肯尼迪是个"小白脸"。

在畅销书《你的形象价值百万》中也举了一个政治人物因为形象太差而导致失败的例子。

英国保守党领袖伊恩·邓肯·史密斯在2002年9月接受BBC电视台记者采访时，面色茫然、腼腆、毫无生机，他用有气无力的、平乏的语调攻击了托尼·布莱尔首相及其政党的政策。记者问他："你认为自己能出任下一届首相吗？"他犹豫了一下，目光下垂，语气不坚定地说："是的，我可以，但我需要努力争取。"几分钟之后，电视台出现不满意的观众的电子邮件及电话录音："他自己都不相信自己能成为首相，让我们如何相信他可以做我们的首相？""他看起来根本就不像个英国首相！""难道保守党再找不到别人做领导者吗？"

英国保守党之所以让伊恩·邓肯·史密斯当领袖参加竞选就是因为他们认为前领袖威廉姆·休不能展示给英国选民一个良好的形象。威廉姆·休虽然只有四十多岁，但是却像个走入暮年的老人，神色、语气缺乏朝气和自信，被英国人戏称为"小老头"，没想到新换的领袖如出一辙。而工党领袖、英俊的托尼·布莱尔，总是满面春风地带着笑容，走路和说话浑身都散发着朝气和热情，看起来就像个出色的领袖。因此很多英国选民虽然不支持工党的政策，却投给了托尼·布莱尔一票。一位英国公民说："保守党的领袖让我对这个党已经失望，他们这两届的领袖看起来就不像能成为首相的人。"甚至有人激进地宣称："除非保守党能够找出一个长着头发的领袖，否则他们永远只能够坐在反对党的座位上！"由于竞选人"看起来不像个领袖"，让保守党一次次失去了进驻唐宁街的机会。

不管是尼克松到英国保守党的两个领袖都是败在了委琐形象上了。对于经常出现在媒体上的政治家来说，他们的形象对于选票的影响能够千百次地证明"看起来就像个成功的人"的重要性。正是"看起来像个领袖"的魅力，使里根、克林顿、肯尼迪、撒切尔夫人、奥巴马等人满足了选民对领袖形象的要求而连任。他们虽然不完全靠形象取胜，但是形象却的确给了他们相当大的帮助。对于普通人来说也是如此，衣衫不整与衣冠楚楚给人的留下的印象肯定不同。电影《泰坦尼克号》的男主角杰克是一个穷得要命的年轻画家。他的船票是通过赌博得来的，穿着破破烂烂的衣服挤上这艘豪华巨轮时，没有一个人把他放在眼里。但是当他得到一个钢铁大王的好心的夫人帮助，穿上了燕尾服时，俨然一个上流社会的年轻绅士，在宴会上成了众人瞩目的焦点。原先对他极为不屑的人，现在对他也开始刮目相看，真像一句俗话所说的那样："人靠衣装，佛靠金装。"

**因此身为职场中人，一定要让自己有个良好的职业形象，特别是当你做到一定层次，有一定成就时，更不可忽视自己的形象问题。良好的职业形象不仅能够提高自己的职业自信心，而且还能提升个人品牌价值；反之，则有可能因为你的形象而误了你的前程。**

一个人的职业形象是其职业气质的符号表现。比如从服装上就可以看出来：对深色调的一贯喜爱，体现了他沉稳的个性；经常性地身着艳丽颜色或对比强烈的服装，可以展现激情四溢的作风；浅浅的素色衣着似乎在告诉人们你善于调节自己的工作模式；一丝不苟的服装款式预示着严谨的态度，层层装饰的外表揭示着求新求变的心态，等等。

人们日常接触到的种种形象特点，就像标点符号写在每个职业人的脸上、身上一样，是个人职业生涯的标点，对职业成功有着重大意义。因此每个人都要注意自己的形象，要把自己"装扮"成一个受欢迎的人，使自己的形象能够给自己带来良好的效益。

总之，人恃衣裳，马恃鞍，一个人的形象对其事业的成功起着十分重要的作用。因为好的形象能够给人留下好的印象，而好的印象能够使人对自己产生信任感，能够对自己委以重任；而一个形象差的人必然就不会给人留下什么好印象，所以也就不会得到重要的机会。因此，你的形象价值百万，你需要塑造自己的良好的外在形象。

## 马上行动

塑造良好的职业形象要达到以下几个标准：与个人职业气质相契合、与个人年龄相契合、与办公室风格相契合、与工作特点相契合、与行业要求相契合。个人的举止更要在标准的基础上、在不同的场合采用不同的表现方式，在个人的装扮上，也要做到在展现自我的同时尊重他人。

## 6. 学学狐假虎威，让名人的光环把你照亮

> 登高而招，臂非加长也，而见者远；顺风而呼，声非加疾也，而闻者彰。假舆马者，非利足也，而致千里；假舟楫者，非能水也，而绝江河。君子生非异也，善假于物也。
>
> ——荀子

成功者的另一大特点就是善于"借力打力"。一个人不论多有才

干，能力多强，也不可能独立完成所有的事情。在这个分工越来越精细化的时代，任何一项工作的完成，除了要靠自身的能力与不断地努力之外，还要借助他人的长处。

一个出版商手头积压了一批书卖不出去，眼看就要亏本了。情急之下，他想出了一个点子：给总统送去一本，之后就频频联系征求意见。总统根本没有时间看，就随便回了一句："这书不错！"出版商如获至宝，立即大做宣传："现在有总统喜欢的书出售。"结果，这批书在一夜之间被抢购一空。不久，这个出版商又出了一本书，还是不好卖，于是他又给总统送去一本，总统吸取上次的教训，就对他说："这本书糟透了。"书商又大肆做宣传说："现在有总统讨厌的书要出售。"人们出于好奇又争相抢购，结果这批书又很快告罄。第三次，出版商再次把书送给总统时，总统有了前两次被利用的教训，干脆不理睬，没有任何回应。出版商这次把宣传语改为："现在有总统难以下结论的书，欲购从速。"结果，这批书还是被抢购一空。

这个书商的就是善于狐假虎威，借助总统的名人光环三次把自己的书卖了出去，可以说是借力的高手。借力使力，事半功倍，善于借用他人的智慧，善于使用他人的长处，来帮助自己取得成功是一种人生智慧，也是一种成功的捷径。

生活之中，处处都有能人，处处都有学问。同一事物，能人处理起来，往往显得比一般人高明。因为每一个人都有自己的特点与爱好，侧重点也都有所不同，都有其他人没有的优势；同理，每个人也都有自己的缺点，有时候可能会因为自己的缺点而限制了自己的成功。但是如果一个人能够借助他人的长处，善于利用他人的优势，也能"好风频借力，送我上青云"！

美国石油巨子波尔格德本身是石油富商的儿子，1914 年 9 月，他从英国回到美国后，决心从事石油开采业。1915 年 10 月，美国俄克拉何马州有一个石油矿井招标，吸引了很多企业家前来参加投标。

很多投标者实力雄厚，竞争因此而异常激烈。当时波尔格德刚刚成立自己的公司，资金不足，又不想借父亲的钱用，根据实力，他根本不是那些大企业家的对手，但是他并没有因此而放弃，波尔格德想出了一个高招——狐假虎威。投标那天，波尔格德租了一身十分华贵的衣服，然后约了一位跟他关系非常好的著名银行家，一道前往投标会场。到会场时，波尔格德显得气度不凡、胸有成竹，身旁有著名的银行家陪伴，致使在场的企业家的目光都集中到了他的身上。那些原本跃跃欲试、准备在投标中一决胜负的投标者，心里开始感到十分不安。他们想波尔格德是石油富商的儿子，现在又有大银行家当"后盾"，感到自己绝非波尔格德的对手。于是，很多企业家竟相继离开了，而那些留下的也不敢再竞价了。结果，波尔格德以 500 美元的超低价轻而易举地中标了。四个月后，波尔格德从中标的那个油矿打出了优质石油，他马上以 4 万美元的价格将油矿转手售出，一转手获得了 3 万多美元的利润。

按照常理，如果没有钱可能就不会去竞投，但是波尔格德却自有妙计，用这种狐假虎威的方法，用他父亲的名声与银行家的威望帮自己轻易拿下了竞标。这就是借助他人能力致胜的法宝。在现实社会中并不是所有的人都是名人，并不是所有的人都具有影响力，但是有些时候，在做一些事情的时候却的确需要借助有影响力的人的威望来帮助自己。

有些人本身并没有过人之处，但是却取得了令人意想不到的成功。仔细观察你会发现，这些人之所以能够取得成功，主要是因为他们懂得"善假于物"的道理，他们能够利用他人的名声，他人的影响力来做成自己的事情。人人都明白一个道理：任何一个人都不可能是全能的，但是任何一个人都完全有成功的可能。前提是能够利用所有的有利条件来为自己创造成功的机会，能够利用别人的优势来帮助自己取得成功。凡成大事者，都是或者曾是借力的高手，没有一个人的成功不需要借助他人的力量。

人们常说，认识自己是为了更好地改进自己、提高自己，但是由于人本身的局限性，有些缺点是难以改进的，有些能力是无法提高的。有人因为不能改进，不能提高而灰心丧气、导致失败；但是有些人也有同样的缺点，他们却取得了成功。并不是他们克服了自己的缺陷，而是他们看到了自己的不足，然后借助了他人这方面的长处来弥补不足，所以取得了成功。他们借力使力，取他人之长、补自己之短，最终取得了成功。

## 马上行动

"狐假虎威"并不是指像寓言中的狐狸一样利用老虎来壮大自己的力量，吓跑其他的动物，而是指利用他人的光环，利用他人的公众影响力来做对自己有利的事，借助他人的力量才能达到自己的目标。

# 7. 不怕你的忽悠赞美，只要能够讨得别人高兴就好

> 在人与人相处的过程中，有一副灵丹妙药总是能在关键时候起到大的作用，这就是赞美。赞美看似平常，而得益无限。赞美的话，能让人心情愉快，能催人奋进，能改变他人于无形，能让大家都生活在一个充满自信的、快乐的世界里。
>
> ——威廉·詹姆斯

清末大才子袁枚24岁便考中进士，在外放做官时，他前去看望他的老师。老师问他都带了些什么去赴任，他说已经准备好了一百

顶高帽儿，逢人便奉上一顶，办起事来就容易很多。老师听后，厉声指责他不求上进。袁枚感叹说："天下乌鸦一般黑，大家都爱戴高帽，只有老师您是清高卓绝之士，不吃这一套，但社会上像老师一样的人太少了！"老师听后而露悦色，点头默许。袁枚走出老师家门后，有人问他拜访老师结果如何。他说："高帽已经送出一顶了。"俗话说："千穿万穿，马屁不穿。"没有什么人不愿意听别人赞扬自己。袁枚把他的老师忽悠得十分高兴。而去做官的时候当然同样把上下级也忽悠得很舒坦，很受人欢迎，政声很好，但是他自己并不高兴，所以只当了几年就回家从事诗文著述，过了五十余年的闲适快乐生活。

　　袁枚33岁就因为不喜欢官场的虚情假意而辞官归家，但是他赞美他人，把所有人忽悠得都高兴的能力与做法却是值得所有人学习的。事实上，并不是所有的人都有优点，但是如果你赞美一个人，认为他有优点，甚至忽悠他说他有本身并没有的优点，那么就一定会很得他十分高兴，也因此而在他心目中留下一个良好的印象。

　　在所有的交往中，人们都无法抵抗来自对方的真诚而得体的赞美。赞美敌人，敌人变成朋友；赞美朋友，朋友成为手足。**在广阔的人际关系网中，我们要面对不同类型的人，要接触不同的交往对象，要搞好人际关系，建立顺畅的人脉，就要运用赞美这个法宝。赞美是一种认可，认可是良好沟通的开始。**

　　卡耐基有一次到纽约的邮局寄信，那位管挂号信的职员很不耐烦。卡耐基暗暗地对自己说："卡耐基，你要使这位仁兄高兴起来，要他马上喜欢你。"同时，卡耐基又提醒自己：要他马上喜欢我，必须说些关于他的好听的话，而他又有什么值得欣赏的呢？聪明的卡耐基很快就找到了。等到邮局职员给卡耐基寄信件时，卡耐基看着他，很诚恳地对他说："你的头发太漂亮了。"邮局职员抬起头来，有点惊讶，脸上露出无法掩饰的微笑，他非常高兴地说："谢谢！"

卡耐基对他说："真是漂亮，你的头发泛着美丽的光泽！"邮局职员高兴极了，他们愉快地交谈起来。当卡耐基离开时，邮局职员对卡耐基说："许多人都问我究竟用了什么秘方，其实它是天生的。"

其实这个邮局职员的头发根本就没有他夸的那么漂亮，但是卡耐基的夸奖却使他高兴了起来。卡耐基把这个职员忽悠得十分欣喜和骄傲，心情也因受到赞美而好转，对他的态度也变得热情起来，事情当然好办得多了。

赞美他人，甚至是忽悠他人能够很快地融洽彼此之间的关系，但是忽悠他人并不是一味地夸奖别人，而是有很多个具体的方法的。如果你想去接近某个人，与某个人建立良好的关系，可以运用下面这些方法来"忽悠"他：

一、以周围的环境为话题。谈话要有一定的内容，不能太空洞，至少应该是一个双方都能有话说的问题，外国人见面最常谈的就是天气，所以说，以周围的环境作为话题是一个很好的开始。比如，当你在等车时，你可以问："您是不是已经等了很久了？"或者"这个车要多久才有一趟呀？"这些话虽然对方不一定能回答，但是却能搭上话题。当你跟对方搭上话之后，就容易在言语中找到赞美之处了。比如："你的口音不像是本地人呀，是不是从南方来的？"如果对方回答说"是"，你就可以接着说："南方的风景是很迷人的，我真想什么时候能去一趟。"这样，你就会很容易地与其进行攀谈，也就很容易地忽悠他、赞美他了。

二、坦率地交流你自己的感受。你可以将自己的感受作为一种共享话题来接近他人。有时候，坦率就是最好的接近他人的方法。有个学生去见导师，想请他指导问题。这个学生本来想问导师很多问题，但是见到导师时，却因为导师表情严肃而紧张得不知如何开口。最后，他吞吞吐吐地说："不知道为什么，我对您有点害怕。"导师听完之句话之后哈哈大笑，对学生马上温和起来。在接下来的交谈中，学生赞美说："老师，您懂的真多。这些问题我想了很久，一直都没有想出来，您却一下子就解决了。"导师听后很高兴，在指导这个学生的时候，便非常细致耐心。

三、以对方感兴趣的事情为话题。人们往往喜欢谈论自己感兴趣的话题，也对自己的形象更加关注。所以当接近他人时，可以把对方作为话题的中心，这样能够更容易地吸引对方的兴趣。比如当你看到对方拿着一款漂亮的电脑时，可以说："这部电脑很漂亮，性能也很好吧？"这时，对方就极有可能会十分详细地给你介绍这部电脑的配置、性能等等。你就可以顺势赞美对方说："您真有眼光。"因此给他留下非常好的印象。

总之，赞美他人，或者是忽悠他人，让他人高兴，就会使自己在他人心目中留下良好的印象，很容易就会得到他人的回报。成功学大师拿破仑·希尔说："在所有的付出和努力中，赞美的回报来得最快、最直接。"爱默生也说："凡事我所遇到的人，都拥有我比不上的长处。我应该学习他们的长处。"付出赞美，对方感到开心和快乐，同时也会回报给你真诚的欣赏。无论你遇到了什么人，这个人都必然认为自己的某方面比你优秀，而深入他人内心的方法，就要从这方面入手。

**马上行动**

生活中，有很多可以赞美他人的机会。如果没有养成随时赞美他人的习惯，就错过了表现自己的机会；如果懂得随时赞美，就可以给他人留下深刻的印象，便于进一步的了解和交往。赞美能使人自尊，让人自信，激发人们心灵深处巨大的潜力，创造出非凡的成绩。没有赞美，就没有发自内心的开心和快乐；没有赞美，就没有健康和谐的人际交往。

成功不可能离开借助他人的力量，不仅要借助上司的力量，借助下属的力量，还要借助亲人、朋友的力量。在所有要借助的力量之中，有一种人的力量是最有可能迅速使自己取得成功，这种人就是你命中的贵人。所谓贵人就是能够对自己的事业有极大帮助的人。很多人认为自己地位卑微，无法结识贵人，实际上贵人也是可以通过设计取得的，可以通过"六人法则"结识你想结识的贵人，可以通过参与行业聚会认识你的贵人，等等。贵人相助能够使你更快地取得成功，所以要想成功，一定也要通过设计来获得改变你命运的贵人。

改变你命运的贵人，
也能靠"设计"获得

第四章

# 1. 传奇人物并不传奇，他跟你最多只有六个人的距离

> 建立关系需要花时间，任何的人际关系都需要花时间。一回生，二回熟。人际关系是成功的基础，要把最重要的时间花在最重要的人身上。要跟比你优秀的人在一起。你的朋友决定你的命运。近朱者赤，近墨者黑。要成功，要跟成功人士在一起。成功是一种习惯，成功是一种哲学，成功更是人际关系交往的基础。
>
> ——陈安之

　　德国一所小学对 1990 年后本校毕业的 300 名学生进行长达 15 年的"成长追踪"之后整理出了一个追踪结果，发现了一个非常有趣的现象：这些学生走上工作岗位后，已经得到提拔重用的有 68 人。这 68 人中，当初在小学时，在学校组织的某种活动中就有较为积极的表现，其中有 33 人给校长写过信，有 20 人跟校长共进过午餐。也就是说，在这 68 名最早得到社会认可也是最早找到用武之地的学生中，有 65 人在小学时结识过校长，比例高达 95.6%。

　　香港某报曾经针对香港上班族做过一个调查，结果在所有受访者中，70% 的人表示有被贵人提拔的经历，而且年龄越大曾受提拔的比例越高。50 岁以上的受访者几乎都曾经遇到过贵人。受访者中凡是做到中高级主管的，有 90% 受过他人的栽培，而自己创业当老板的，竟 100% 受到过贵人的帮助和提拔。

　　由此可见，结识重要人物对自己的成功是有着极大的帮助的。俗话说"压对牌，赢一局，跟对人，赢一生"，看来一点也不为过。

当然贵人并不是那么好找的。但是也并不难找，关键是看你愿不愿意去找，肯不肯去找。2009 年 5 月，有一则关于赵本山上学的新闻又被炒得热火朝天。原来赵本山已秘密报读李嘉诚基金会捐助的长江商学院开办的中国企业 CEO 课程，与知名企业家马云、傅成玉等成为同学。过了一段时间之后，新闻又报道，赵本山在辽宁宴请著名导演王家卫与名模林志玲。赵本山早已经是本山传媒的总裁，并且公司的营业状况也非常好，而他的影响力在国内绝对要比王家卫与林志玲大，他为什么还要读商学院，宴请明星呢？

赵本山通过上学，通过请别人吃饭帮助自己找到了贵人。这样做其实是为了给自己寻找贵人，让自己的事业更上一层楼，果然，不久之后就又传出，他和他的徒弟小沈阳将出演王家卫的新电影《一代宗师——叶问》。

当然这种方法对于普通人来说并不可行，但是也是有一定的启示的。**那就是贵人需要自己努力去寻找，而不是等待。其实据公关人力资源专家研究，与他人建立关系有一个"六人法则"，也就是说：任何两个人之间的关系带，不会超过六个人。两个陌生人之间，可以通过六个人来建立联系，此为六人定律，也称做六人法则。虽然你的贵人可能是某位身居高位的人，也可能是让你钦佩崇拜的人。但是只要你努力去找，就一定能够找到。**

很多成功者就是找到自己的贵人才顺风顺水，才取得事业成功的。当年，杨致远和几个同学拿着雅虎的策划书，屡屡遭到投资人的拒绝，但是他的贵人孙正义却毅然拿出 2 个亿，并提出只占 35％的股份，于是有了今天的雅虎。而李宁的成功也是因为在飞机上与当时健力宝集团的总裁李经纬相遇，后来在他的指导和帮助下，李宁创办了自主产权的运动服装品牌，并迅速在全国范围内走红。他也因此成功地由一个体育运动员华丽转身为知名企业家。

结识大人物并不难，有人总结了以下几条规律：

第一、你要想获得和大人物交往的机会，那么你本身的思想层面、阅历等必须达到可以和他们沟通的水平；

第二、你要结识大人物，你就必须进入他们的环境，如：招商会、企业峰会、论坛等；

第三、跟企业家、成功者交往，你一定要有非凡的勇气和自信。自信是人生成败、幸福与否的关键。要想建立非凡的自信，最关键的一点就是要时刻着眼于自己的长处，要敢于拿自己的长处比别人的短处，在企业家面前做到不卑不亢；

第四、跟大人物交往，一定要学会察言观色，要非常的小心；

第五、一定要谦虚，有礼貌；

第六、要学会真心的赞美对方，赞美的时候要用眼神看着对方，因为眼睛是心灵的窗口。要真诚的发现对方的优点，然后给予适当的赞美；

第七、要从礼仪、礼节等方面对自己进行规范；

第八、要学会倾听，任何人都喜欢去讲述自己的事情，当你用一颗善良的心去倾听别人的时候，别人会感到非常幸福，当别人感到幸福的时候，你也会感到非常幸福；

第九、要学会宽容对方，越是成功的企业家，就越是非常好相处的人；

第十、要学会付出，当你去付出的时候你不要去想回报，因为该是你的你就一定会得到。

每一位大人物都像是一座宝藏，你可以借助他们的影响力来成就自己。但是前提是你要结识他们，只有与大人物挂上了钩，建立了一定的关系，他们的能力才能帮助自己。所以，借助大人物的能力的前提是先认识大人物。

## 马上行动

卡耐基说："人的成功80％来源于良好的人际关系，20％来源于个人的能力。"所以说，建立良好的人际关系十分重要，而重中之重的是会对自己的事业产生影响的人物。因此，有理想、有追求的年轻人首先要做的就是通过六人法则去结识成功人士。

## 2. 主动向前辈推荐自己，别为自己的无名感到自卑

> 金子如果不发光，就不会得到他人的注意，所以如果你是一块金子就一定会发光，因为只有你先发出了光，才能在更加广阔的舞台上发出更加耀眼的金光。
>
> ——陈安之

具有百余年历史的雅芳集团第一位女CEO钟彬娴认为：任何人希望得到贵人的帮助，苦苦等待只能是徒劳的，主动寻找贵人才能获得成功。主动寻求贵人的帮助，向前辈推荐自己是一个最简捷的靠近成功的方法，但是很多人会为自己是一个普通人而感到自卑，而不敢向他人推荐自己。

艾德温·巴尼斯是大发明家爱迪生最大的产品代理商，但是在他成为爱迪生的职业伙伴之前却是一个穷困的流浪汉，他一无所有！但是他敢想，他一直想成为爱迪生的合作伙伴。最初在巴尼斯的心头闪过这个念头时，他也感觉自己无法采取行动，因为有两大困难

挡在面前：一、他不认识爱迪生；二、他没有足够的钱买张火车票到新泽西州的奥伦芝（爱迪生工厂所在地）去。

这些困难足可使大多数人感到沮丧，进而放弃实现欲望的尝试，尤其是第一个困难。但是，巴尼斯却想尽了办法出现在了爱迪生的实验室中。几年后，爱迪生谈起他跟巴尼斯初次会晤的情形时说："他站在我的面前，外表就像一个十足的无业游民。但是他脸上的表情给人的感觉是，他决心要求的东西就一定要得到。根据我多年和人交往的经验，我深知，当一个人真正渴望获得某样东西时，为了得到它，他甚至不惜付出一切代价，这种人必然会成功。我给了他所渴望得到的机会，因为我看出他已下定决心，不成功誓不罢休。以后的事实证明了我的判断非常正确。"

在第一次会晤中，巴尼斯就直接对爱迪生说他要成为他的合伙人，但是爱迪生并没有答应，二人没有建立起合作伙伴关系。他只是在爱迪生的办公室里得到了一个工作机会，而且薪水很低。但是他一直没有放弃自己最初的想法，而是不断地在强化他想做爱迪生商业伙伴的这一欲望。当爱迪生刚刚完成一种新的发明——当时称之为"爱迪生授话机"时，他的销售人员对此没有兴趣，他们不相信这种机器能有人买。巴尼斯则意识到他的机会来临了，他再一次向爱迪生提出请求，结果立即得到了允许。事实证明，他不但销售出了这种机器，而且销售得十分成功。爱迪生立即和他签了约，让他负责在全国推销，巴尼斯终于成为爱迪生的合伙人。

**主动推荐自己是一种成功的捷径，因为即使你有才能，但是因为没有影响力，能力得不到展示也不可能取得成功。所以就需要自己主动向他人推荐自己，向你认为可能会赏识你，或者会用得到你的能力的人毛遂自荐，千万不要因为自己的卑微而不敢去争取。其实所有取得成功的人当初也是平凡的人，但是他们有一个特点就是敢于主动接近大人物，主动向他们展示自己。**钟彬娴刚参加工作的时候，也只是布鲁明岱百货公司的一个普通员工。在这家公司中有一位人人羡慕的女性成功者——布鲁明岱有史以来的第一位女性副总裁法斯。法斯是一个成功且人人瞩目的女性。钟彬娴也将她视为了自己的贵人，采取了主动进攻的态度去接触法斯。她开始想方设法接近法斯，经常以一个小学生的态度去请教法斯工作上的方法与经验，在下班后的私人生活中也把法斯当成朋友，以自己真心诚意的关怀与热情去赢得法斯的友谊。不久以后法斯就把钟彬娴当成了心腹，并力排众议地提拔她。钟彬娴先是被提升为采购部经理，并在接下来的几年里一路高升，刚刚27岁的她已经进入了布鲁明岱公司的最高管理层。

钟彬娴比的主动出击使自己获得了第一次成功。而在钟彬娴进入布鲁明岱最高管理层不久，法斯悄悄告诉钟彬娴，玛格琳百货公司以CEO的高位邀她加盟，她已经答应了。钟彬娴立刻面临着：自己的事业刚刚起步，还未站稳脚跟，而法斯又是自己努力争取到的贵人，是继续留在布鲁明岱呢，还是跟着法斯一起跳槽呢？面临这一艰难选择，她毅然决定跟随法斯一起跳槽。果然，钟彬娴在追随法斯跳槽后的五年里，事业蒸蒸日上，成为了玛格琳公司的副总裁，全面负责公司女装业务。

后来她又结识了一些业内的重要人物，一举跳槽到妮曼·马可斯公司担任总裁，真正开始了自己的事业。钟彬娴在妮曼·马可斯公司虽然也取得了很大的成就，但是与自己的期望值相差还是很远，因此她又主动出击，认识了另一个贵人，普雷斯，即雅芳集团首席CEO，并且以其个性的思维赢得了普雷斯的赏识。结果很快便在普雷斯的帮助下在40岁出头就成了业界精英。

钟彬娴是一个奇迹，也是我们寻找成功捷径的例子，也许现在的她高高在上可望而不可及，可她的起点却是那么的平凡，颇具大众意义。当时的她也没有被别人的高高在上而吓倒，而是主动出击，主动将自己的才能展示给一个个重要人物，结果成功地得到了别人的赏识，为自己创造了机会，取得了成功！

别人请教钟彬娴的成功法则时，她说："没背景、没后台的人常常巴望着得到贵人相助，这种被动的等待只能是徒劳。主动寻找贵人才能获得成功。"这种主动的思想指导着钟彬娴走上了成功之路。成功其实并不难，只要你找对了方向，并主动向有影响力的人展示自己则是其中的一条捷径。同时，也有一个重要的前提是，你必须要具备一定的才能，并且能够克服自己的自卑心理。

## 马上行动

有自知之明固然是好的，但是如果因为有自知之明而失去了自信，变得自卑，不敢抓住机会，不敢主动向他人推荐自己，则是一种错误的想法。所以想要取得事业的成功不仅要有自信，还要克服自卑心理，大胆地向"大人物"举荐自己，让别人认识你，进而赏识你，委以重任，给你成功的机会。

## 3. 高调作秀，争取引起关注，也许会遇到伯乐

> 随着信息的发展，有价值的不再是信息，而是注意力。硬通货不再是美元，而是关注。
>
> ——赫伯特·西蒙

初唐大诗人陈子昂年轻时从家乡四川来到都城长安，准备一展

鸿鹄之志，然而，他在朝中无人，四处碰壁，怀才不遇，令他忧愤交加。一天，陈子昂在街上闲逛，见一人手捧胡琴，以千金出售，观者中达官贵人不少，然而不辨优劣，无人敢买。陈子昂家里很有钱，便灵机一动，二话不说，买下琴，众人大惊，问他为何肯出如此高价。陈子昂说："我生平擅长演奏这种乐器，只恨未得焦桐，今见此琴绝佳，千金又何足惜。"众人异口同声道："愿洗耳恭听雅奏。"陈子昂说："敬请诸位明日到宣阳里寒舍来。"

次日，陈子昂住所围满了人，陈子昂手捧胡琴，忽地站起，激愤而言："我虽无二谢之才，但也有屈原、贾谊之志，自蜀入京，携诗文百轴，四处求告，竟无人赏识，此种乐器本为低贱乐工所用，吾辈岂能弹之！"说罢，用力一摔，千金之琴顿时粉碎。还未等众人回过神，他已拿出诗文，分赠众人。众人为其举动所惊，再见其诗作工巧，争相传看，一日之内，便名满京城。不久，陈子昂就中了进士，官至麟台正字，右拾遗。

陈子昂所采用的方法，在经济学上可以被称为"事件营销"。所谓"事件营销"是指企业通过策划、组织和利用具有名人效应、新闻价值以及社会影响的人物或事件，引起媒体、社会团体和消费者的兴趣与关注，以求提高企业或产品的知名度、美誉度，树立良好品牌形象，并最终促成产品或服务的销售目的的手段和方式。简单地说，事件营销就是通过把握新闻的规律，制造具有新闻价值的事件，并通过具体的操作，让这一新闻事件得以传播，从而达到广告的效果，从而吸引公众的注意力。

经济学家认为，如果有大量的人注意到你，你就是某种类型的明星。当今的明星一般都能赚大钱，网站也要用明星来吸引注意力。**成功也可以通过创造注意力来取得，因此，每一个人都要创造注意力，尤其是想通过得到他人的注意与重视，进而得到施展自己才能的机会的人，更要积极创造吸引他人眼球的注意力。**

　　美国钢铁大王卡耐基小的时候就曾受过一次深刻的"注意力经济学"的教育。有一天，卡耐基放学回家的时候经过一个工地，看到一个老板模样的人正在那儿指挥一群工人盖一幢摩天大楼。卡耐基走上前问道："我以后怎样能成为像您这样的人呢？"老板郑重地回答："第一，勤奋当然不可少；第二，你一定要买一件红衣服穿上！""买件红衣服？这与成功有关吗？难道红衣服可以带给人好运？""是的，红衣服有时的确能给你带来好运。"老板指着那一群干活的工人说，"你看他们每个人都穿着蓝色的衣服，我几乎看不出有什么区别。"说完，他又指着旁边一个工人说："你看那个工人，他穿了一件红衣服，就因为他穿得和别人不同，所以我注意到了他，并且通过观察发现了他的才能，正准备让他担任小组长。"

　　在现实生活中，资源是有限的，这就决定了在一个社会中，只有少数人能享受到多数的资源。为此，能够采取"万绿丛中一点红"的策略的人，无疑是极其明智的。因为他们成功地"高调作秀，把自己秀了出来，引起了关注，然后找到了能够使自己成功的人或者机会。

　　作秀一定要高调，因为如果你不足够出众，很快就会被人遗忘的。有一次有位教授问学生："世界上第一高峰是哪座山？"大家立刻哄堂大笑，大声回答："珠穆朗玛峰！"教授紧接着追问："第二高峰呢？"同学们面面相觑，无人应声。教授转过身，在黑板上写下一句话：屈居第二与默默无闻毫无区别。

　　教授接着说，12年前他要求学生毫无顺序地进入了一个宽敞的大礼堂，并独自找个座位坐下。反复几次后，教授发现有的学生总爱坐前排，有的学生则盲目随意，四处都坐，还有一些学生似乎特别钟情于后面的位置，教授分别记下他们的名字。10年后，教授对他们的调查结果显示：爱坐前排的学生中，成功的比例高出其他两类学生很多。教授对所有的学生说："不是说一定要站在最前、永远第一，而是说这种敢于成为主角的心态十分重要。在漫长的人生中，你们一定要永争第一，积极地坐在前排！"

想要吸引别人的注意力的确是要高调，因为即使你比他人有能耐，但是如果不足够高调，也很快就会遗忘，不会得到成功的机会。还有一个真实的例子就是：第一位只身飞越大西洋的飞行员是谁？很多人都知道是查尔斯·林德伯格。第二位只身飞越大西洋的飞行员是谁？很多人都回答不上来。第二位只身飞越大西洋的飞行员名叫伯特·欣克勒。他是一位比查尔斯更出色的飞行员，他飞得更快，用的油也更少。然而更多的人还是只记住查尔斯·林德伯格的名字，对伯特·欣克勒几乎一无所知。

第一和第二，差距为什么这么大？因为主角只有一个。随便提出一项奥运会比赛来，人们往往对冠军的名字耳熟能详，如果再问一句："亚军是谁？"十有八九的人会犯迷糊。为什么人们记住的往往是冠军的名字和笑脸，而将亚军放在一个被人遗忘的角落呢？这并不是人们对第二名不屑一顾，而是习惯于关注第一的心理在"作怪"。因为首先取得胜利的是冠军，是最先进入人们眼睛和大脑里的人，所以人们的印象也更深刻，不容易忘。

### 马上行动

香港女作家李碧华说："得第二也是输，岂容狡辩？"的确如此，如果你在吸引别人注意力时，只是得到了第二，那么就会完全被遗忘，因为人们的目光都聚焦到第一上了。因此，如果要作秀，就要做到极致，一定要夺得所有人的目光，要让自己成为唯一的焦点。因为只有当你成了焦点的时候，别人才会把你当做太阳，围绕着你转。

## 4. 你还不是名人，所以你随时需要名片

名片是人的衣装，是第二张身份证。

——戴尔·卡耐基

有一次，李嘉诚跟香港一个记者聊天时说自己戴的劳力士手表是假的。记者不信，以为他是开玩笑，李嘉诚认真地说，真的是假的，当年没有钱的时候为了撑门面便买了一块假的戴着。记者问他为什么后来没有换呢？李嘉诚回答说，虽然是假的，但是时间很准确，而且现在根本没有换的必要了。

的确如此，以李嘉诚的身份来说，他即便一直戴着假劳力士也不会有人怀疑，而即便有人知道也不会对他的地位与实力产生任何影响，所以实在没有换的必要。对于名片来说，也是如此，李嘉诚根本没有必要印名片给任何人来介绍自己。当一个人的名气达到了一定的程度之后，他便没有再向别人展示自己的必要了。但是对于普通人来说，却是需要向别人介绍自己的，而名片则是向别人介绍自己的最佳道具。因为在职场中，别人对你的印象往往起源于你递上的那张表明你身份的名片，一张小小的名片往往能起到你无法估量的作用。

但是名片并不是只要印好了，遇到一个自己可能需要的人送给他就可以了。**名片的使用绝不是一个简单的动作，该在什么时候、什么地点、向什么人怎样递上名片是一门学问。名片是一个人身份**

的象征，当前已成为人们社交活动的重要道具。所以说，名片的递送、接受、存放也要讲究社交礼仪。

一般来说，名片都是经过精心设计的，它的功用是要让别人能够记得自己的职业、职位乃至能力。当别人想动用人际关系时，你的名片能够给他提供十分重要的线索，也会因此而给自己创造机会，所以，在名片设计上千万不能草率。而当你向对方递名片时，也不能草率，而应是面带微笑，注视对方，将名片正面对着对方，用双手的拇指和食指分别持握名片上端的两角送给对方。如果是坐着的，应当起立或欠身递送，递送时说一些诸如"我的名片，请您收下"之类的客套话。

此外，递送名片时一定还要注意以下的问题：地位低的人应先向地位高的人递名片，男性先向女性递名片，当面对许多人时，应先将名片递给职务较高或年龄较大者，如分不清职务高低和年龄大小时，则可先和自己对面左侧方的人交换名片。

当你接收到别人的名片时，也不是往口袋里一揣就完事的，而是也应该注意到一些小的细节：在与他人交换名片时，要养成记住对方姓名的习惯。名片是表达自我的道具，如果你不重视别人的名字，别人也不会注意到你。最好还是看一下名片，默念一下对方的名字及名片上的内容。然后当天回去之后，稍微记录一下，再将名片作分类整理。在职场上要记住人家的名字，名片的整理很重要。记住名字的，赶快打电话给他。当你做了整理之后，你还是要做好联络的工作，这是建立人际网络很重要的一点。在交换名片时，要保持名片的整洁，不要轻易地在自己的名片或他人的名片上随意涂改或做笔记，因为这样会造成他人心理上的不快。

此外，递送名片还应该注意到以下两点：

首先，在人多的场合，一定要带足够多的名片。因为在此种场合下，你遇到的人会很多，这些都有可能会在以后的时间里给你以帮助，所以不能只给一个人递名片。而即便只有一个人将来会对你有帮助，也不能只递给一个人名片，而是应该也要给周围的人发，因为这是起码的礼貌问题。不然即使这个将来对你可能有帮助的人也许会因为你的不懂礼貌而不待见你。

其次，还要注意发名片的时机。有的时候，别人并没有要跟你要名片，你却硬要给别人是非常不好的。你在发名片时，要看对方手里有没有手拿、方不方便拿，如对方空不出手来拿你的名片，你却发给他，对方当然不好拒绝，但这却会造成别人对自己的反感，适得其反。还有就是当别人正在谈话的时候，也不要去打断他们的谈话去发名片，这是一种更不礼貌的行为。

一本厚厚的名片册是必不可少的工作帮手。得到的名片应一一放入，小心存放，不要折叠和弯曲。在名片旁，不妨粘一张便笺，写上得到的时间、此人的特征、从他身上可获得哪些帮助和资讯等等。一个小小的动作，将使你日后受益无穷。对于那些平日里常用的名片，不妨将它们收置在一个小巧的名片夹里，随身携带，方便易用。在收到名片后，除了定期整理、更新外，不妨试着和其中自己较感兴趣的人主动联系。

## 马上行动

通常情况下，在大多数场合，一般人难有机会和在场人士逐一沟通结识，最大程度的接触也只是握手和简单的自我介绍。在这种情况下，要在短时间内推销公司乃至本人，名片就扮演着桥梁功用，能够非常方便地协助自己展开人际关系和沟通；如果初次见面只懂名字的话，话题无从切入。有名片在手，可以提出很多问题来更了解对方。

## 5. 冷庙热庙都要烧香，雪中送炭有用，锦上添花也有回报

> 在中国做生意，第一靠关系，第二靠关系，第三还是靠关系。
>
> ——张锐敏

美国好莱坞流行一句话："一个人能否成功，不在于你知道什么（what you know），而是在于你认识谁（whom you know）。"斯坦福研究中心曾经发表一份调查报告，结论指出：一个人赚的钱，12.5％来自知识，87.5％来自关系。这个数据是否令你震惊？

热衷于钓鱼的人都知道放长线钓大鱼的道理。要想钓到大鱼，就要把线放得长一点；如果急功近利，只能钓到一些小鱼小虾。其实在我们拓展人脉也应该遵循这个道理。一个好的人缘，好的关系网对于我们的成功有着很重要的作用。但是建立一个好人缘可不是一朝一夕的事情，这就需要放长线，要具有长远的眼光，不仅要看到眼前有利于自己的人，还要看到有些将来对自己有利的人，也就是说，不仅要在热庙中烧香，冷庙也一定不能冷落。

有一家规模较小企业的董事长长期承包那些大电器公司的工程，对这些公司的重要人物常施以小恩小惠，以求得到他们的支持。但是这位董事长的交际方式与一般企业家的交际方式的不同之处在

于：他不仅对那些公司的要人很热情，对那些年轻的职员也殷勤款待。

事前，他总是想方设法将电器公司中各员工的学历、人际关系、工作能力和业绩，作一次全面的调查和了解，认为这个人大有可为、以后会成为该公司的要员时，不管他有多年轻，都尽心款待。这位董事长这样做的目的是为日后获得更多的利益作准备。

这位董事长明白，十个欠他人情债的人当中有九个会给他带来意想不到的收益。他现在做的"亏本"生意，日后会利滚利地收回。

所以，当自己所看中的某位年轻职员晋升为科长时，他会立即跑去庆祝，赠送礼物。同时还邀请他到高级餐馆用餐。年轻的科长很少去过这类场所，因此对他的这种盛情款待自然倍加感动，心想：我以前从未给过这位董事长任何好处，并且现在也没有掌握重大交易决策权，这位董事长真是位大好人！无形之中，这位年轻科长自然产生了知恩图报的意识。

正在受宠若惊之际，这董事长却说："我们企业公司能有今日，完全是您抬举，因此，我向你表示谢意，也是应该的。"这样说的用意，是不想让这位职员有太大的心理负担。这样，当有朝一日这些职员晋升至处长、经理等要职时，还记着这位董事长的恩惠。因此在生意竞争十分激烈的时期，许多承包商倒闭的倒闭，破产的破产，而这位董事长的公司却仍旧生意兴隆，而且一步一步地慢慢壮大起来，其原因是他建立自己人缘有着长远眼光。

这位董事长的"放长线"手腕，确实有"老姜"的辣味。这也说明建立自己的关系网要有长远眼光，尽量少做一些临时抱佛脚的买卖，而要注意有目标的长期感情投资。同时，放长线钓大鱼，必须慧眼识英雄，才不至于将心血枉费在那些中看不中用的庸才身上，日后收不回本。

人情投资最忌讲近利。讲近利，就有如人情的买卖，就是一种变相的贿赂。对于这种情形，凡是讲骨气的人，都会觉得不高兴，即使勉强收受，心中也总不以为然。即使他想回报你，也不过是半斤八两，不会让你占多少便宜的。你想多占一些人情上的便宜，必须要有长远的眼光。

实际上，很多人都会通过种种方式来拓展自己的人脉，但是有些人并不能将人脉长久地维持与拓展。因为这些人在办事时抱着"有事有人，无事无人"的态度，把对方看成一种工具，在自己需要的时候，就找来帮忙，在自己不需要的时候就扔在一边，甚至连个招呼也不打。这种人大多数时候会被别人抛弃。人与人之间没有互信互助，则没有互惠互利；没有较深的感情，就没有彼此的信任。人与人之间虽然并不是有利可图才互相交往，但是如果一方只有付出，没有回报，那么很少有人会去维持这种损己利人的关系的。

当我们在办事遇到不顺或者是四处碰壁的时候，一定会想："如果我能有足够多关系的话，他们一定可以帮我顺利地完成这件工作的。""如果和那位关键人物能够牵扯上什么关系的话，那么做起这件事情来就可以方便多了。"但是关系不是一朝一夕就能够建立，关键还在于我们平时多注意培养，只有平时注意多为自己拉关系，才能够在用时有所依靠。

那么应该怎样建立自己的关系网络呢？在建立关系时，要注意如下几个原则：

1. 要建立真正的关系。有个很有趣的现象：你时常会碰到一些自称有某某关系的人。碰到那些把跟某某有关系挂在嘴边，又跟某某一起吃饭了之类的人，最好离他远点。这种人基本上没有太大用处，而真正有关系的人嘴巴是非常紧的，所以要建立真正能够用上得的关系，那些仅仅停留在吃喝水平上的朋友就算了吧。

2. 不要为了关系而打造关系。也就是说，如果这个"关系"跟你要办的事没有联系，那就不应在此浪费时间；如果你有时间、精力和金钱，不如花在能为你办事的人身上，这样你的收获会大得多。关系只是你达到目标的一种手段，跟你平常出去见客户请客户吃饭等正常商业手段没有多大区别。

总之，积极拓展人脉，在冷庙中也要烧香，那么就会建立起强大的人际关系，当你遇到事情的时候，就很容易能够得到多方的帮助，而且当你在遭遇困难，处于人生低谷的时候也会得到很多人的热心帮助。总之，善于利用关系，任何事在你的手中都会得到很好的解决，关系是一笔财富、一种力量，它能使你如鱼得水，事事无忧，万事如意！

马上行动

拓展人脉与维系人脉是一种长期的感情投资。因此，在平时与人交往中要重视感情投资，不断增加感情的充实，积累信任度，保持和加强亲密互惠关系。人是感情的动物，当你在感情的账户上储蓄时，就会赢得对方的信任，那么当你遇到困难或求人办事，需要对方帮助的时候，就一定能够获得他人的帮助。所以说，一定要多放人情债，只要你认为有能耐的人，不管处于什么样的境况中，都要殷勤对待，假以时日，就一定能够得到利息的回报。

## 6. 做对事很重要，但是跟对人比做对事更重要

> 每个在职场中的人都需要有个导师。如果你对未来有点力不从心，如果你的工作停滞不前，甚或是你现在在工作中表现尚佳时，你都需要给自己找个导师。一个好的导师能够循序渐进地为你提供有价值的指导意见，帮助你解决工作难题，特别是当你在工作中遇到瓶颈或风险的时候，能帮你规避风险。
>
> ——大前研

公元前 208 年，年逾古稀的范增投靠了项羽的叔叔项梁，劝说他立楚王的后裔为楚怀王，以此号召天下百姓。项梁听从了他的意见之后，势力在很短的时间内就得到了壮大，成为当时势力最大的反秦力量。项梁对他十分器重，在项梁死后，他跟随项羽，成为他的重要谋士，后来封位历阳侯，项羽对他也极为尊敬，待他如师如父，尊称其为"亚父"。项羽虽然很尊敬他，凡事也会询问他的意见，但是却多有不从。有很多次范增的意见很好，项羽都不听如鸿门宴这一次，酿成终生惨剧。

刘邦破咸阳后，他的手下曹无伤密告项羽面说刘邦打算在关中称王，项羽听后很愤怒，下令次日一早让兵士饱餐一顿，准备一举击败刘邦的军队。一场恶战在即。刘邦得知此事后，连忙在第二天前来谢罪。项羽在鸿门设宴招待刘邦。宴会暗藏杀机，范增一直主张杀掉刘邦，在酒宴上，一再示意项羽发令，但项羽却默然不应。

后来刘邦乘机一走了之。刘邦的老师张良进来为刘邦推脱，说刘邦不胜酒力，无法前来道别，现向大王献上白璧一双，并向大将军范增献上玉斗一双，请您收下。项羽很高兴地收下了白璧，而范增则气得拔剑将玉斗撞碎。

范增的意见是对的，因为刘邦是个潜在的对手，现在势力比较弱小，所以只好在项羽面前低三下四的，一旦他有了实力就会起而与项羽争霸，所以范增建议项羽能够趁机将他杀掉以免后患。可是项羽却不听，结果让刘邦逃跑了，再后来他让刘邦打败了，只好乌江自刎。刘邦在夺得天下之后曾经评价项羽说："项羽有一范增而不能用，此其所以为我擒也。"

做对事当然很重要。范增的每一个建议都是对的，他都做对了事，结果却落得一个被项羽赶走，最后死在了回老家的路上的凄惨下场。正如刘邦所说的范增是因为项羽不能用他，不听他的而导致了两个人的双双败亡。范增最大的失败就是跟错了人。他跟的那个人不是能让他成功的贵人。跟对人是很重要的，尤其是对那些刚踏入职场的人来说。

科学家研究认为："人是唯一能接受暗示的动物。"有人说，人生有三大幸运：上学时遇到好老师，工作时遇到一位好师傅，成家时遇到一个好伴侣。有时他们一个甜美的笑容、一句温馨的问候，就能使你的人生与众不同，光彩照人。用一句话来概括实际上就是要跟对人。俗话说得好，你是谁并不重要，重要的是你和谁在一起。原本你很优秀，由于周围那些消极的人影响了你，使你缺乏向上的压力，丧失前进的动力而变得俗不可耐，变得如此平庸。这也是因为跟错了人。所以说，如果你想成为一个优秀的人，成为一个有所成就的人，就要跟那些优秀的人，与那些成功的人或者也想要成功的人在一起。

人们常常用笨鸟先飞来鼓励自己或者他人，但是笨鸟先飞也可能会飞错方向。如果方向错了，那么再先飞、再卖力地飞也是错误的，不可能取得成功的。正如跟错了人一样，即便你做事情做得再对，但是如果你跟错了人，那就一定会走向最后的失败。

　　有个年轻人请教一位成功者："我怎样才能像你一样成功呢？"成功者告诉他："有三个秘诀：第一个是帮成功者做事；第二个是与成功者共事；第三个是请成功者为你做事。"

　　很显然，对我们大多数人来说，这三个秘诀里最容易做到的是第一个——帮成功者做事，也就是说跟对人，这是成功的第一步。

　　像当年与牛根生创业的人，与娃哈哈老总宗庆后创业的人，与希望集团老总刘永行创业的人，与通化东宝集团老总李一奎创业发展的人、与史玉柱创业的人——这些如今名满天下的成功者，当年都还不发达，但是他们在当年都是有成功潜质的人。那些老总当年出发的时候，也多处于逆境，也是在逆境中苦苦挣扎，最后终于抓到了好的发展机遇，成就了一方霸业，而那些跟随他们的人也因为跟对了人而取得了相当的成就。

　　大家都知道一个常识，从冰箱中取出一块冻肉，放在常温的屋子里，大概要过两三个小时才能解冻；放在微波炉里，可能只需要几分钟。可是如何才能分辨出常温的屋子与微波炉呢？据说，有成功潜质的人往往具有以下异与常人的特征：

　　真正能成大事的人，当你真正有机会走近他的时候，他会有一个强大的吸引力将你吸引过去。如果在你的职业生涯里，你有机会遇到这样的人，不管他当时处于什么样的地位和环境，你都要盯紧他，适时地去给予他帮助，该出手时你就出手，总有一天你会发现这个金子不会在土里埋得很久。与高手对弈虽败犹荣，与他们在一起，每一天都会有无穷尽的收获，他的成长也是你的成长，与君共繁荣，与君共富贵，与君登高望世界——只要你有机会与巨人站在一起，你真就成功了一半。但是前提是，你必须要有那样独到的眼界和胸怀，其实能和巨人走到一起的人也非一般人，你要能炼出跟对人的火眼金睛，你也就是一个了不起的魅力四射的人物。

做对事很重要，但是如果在不能取得成功的人手下做对事，也与成功就会擦肩而过，甚至可能会因为做对了事，而遇到他的嫉妒与排挤。所以，能做对事是能力，而能跟对人则是眼光。取得成功的人不仅要有能力，还一定要有眼光。

马上行动

找对人，跟紧他，与之和谐相处，与之共患难，富贵不远。这也是人成功的捷径。和能干大事的人在一起，你会不发达吗？除非你的能力和品德太差，不然，你一定能搭上顺风的船。这叫借船出海，借力打力。在跟对人的情况下做对事，能够使你更快地取得成功。

职场奋斗必然会遭遇争斗，在争斗中，如果失败就必然会导致利益受损，会得不到加薪的机会，得不到职位升迁，有时甚至还会因此而丢掉职位。所以在职场中一定要学会设"计"与"局"，这种行为仿佛是坏的行为，但其实不然，职场会设"计"与"局"完全是无奈之举，因为你不懂得设计，别人就会设计你，所以学会设"计"与"局"并不是给你使坏，而是为你的职场生涯护驾保航，因此你一定要学会这种设计。

设"计"与设"局"，
我不是给你使坏

第五章

## 1. 相信人性恶的一面，别带着孩子气的天真闯世界

> 想长久地在职场中混，一定要真诚地对待他人。但是并不是所有的人都值得你真诚相待，尤其是有些心术不正的人，不要将心比心地对待他们，而是要防范他们做出对你不利的举动。
>
> ——陈安之

如果你是一个单纯的人，是一个对待所有的人都十分善良、真诚待人的人，在初入社会的时候你一定会是一个人见人爱，到哪里都受欢迎的职场新人。但是受欢迎并不表示所有的人都会真诚地对待你，并不是所有的人都会将心比心的。很多时候，你带着孩子气的天真闯世界往往会遭遇他人恶劣的对待，因为人性是有恶的一面的。

周龙刚从一家知名外企跳槽到另一家更有实力的外企，从事产品渠道的管理工作。为了尽快融入新公司和团队，周龙非常注意搞好与他人之间的关系，对新上司的要求几乎有求必应，甚至是一些私人的事情，他也尽心尽力地去完成。新上司对他颇为欣赏，私下里也总是跟周龙称兄道弟，还不断交代一些非常重要的任务给他。周龙顿生知遇之感，他就对上司交代的任务更加用心，工作更加努力。

但是后来他逐渐地发现，所谓的重要任务其实都是得罪人的"硬骨头"，很多任务直接牵扯到多个部门或者其他团队的利益。后来他从一个关系较好的同事口中得知，老板交代给他的任务早都是

公司里的老大难问题，公司里的老员工对这类的任务都是能推就推的。上司是个非常懂得玩弄权术的人，遇到这类任务总是找别人去处理，成功了是他的功劳，失败了则把责任都推到执行者身上。周龙听了才恍然大悟，没想到自己的"好心"，竟然被别人利用了。

南朝梁时的开国之君萧衍笃信佛教，对他的亲人很善良。他早年无子，便收养了他的侄子萧正德为义子，后来在他称帝之后，才有了儿子，但封亲儿子萧统为太子，由此引发了萧正德的不满。萧正德依仗自己是萧衍的义子，经常做出一些影响非常恶劣的事，曾经有过在都城建康（今南京）杀人越货的行为，而且他一度叛国投敌，跑去投奔北魏，但是因为没有得到重用，又回到了南方。他的每一项行为都可以被判死刑，但是每一次萧正德的错误行为都得到梁武帝的宽恕，从没有得到过严厉的惩罚。梁武帝一直以为他能够在自己的感召之下改过自新，能够将心比心的对待自己。

公元537年，侯景发动叛乱，萧正德被梁武帝任命防守建康。但是没想到的是，萧正德却与侯景勾结，派船支援侯景的军队，使侯景很快就攻至台城，囚禁了梁武帝。不久之后梁武帝在台城被活活地饿死。梁武帝有想到自己好心地收留了侄子萧正德，并且多次原谅了他的错误，可是没想到最后却被他好心对待的侄子害死了。所以说，出来闯荡不要太天真，并不是所有的人都会知恩图报，并不是所有的人都值得你去真心地对待。

千百年来虽然关于人的本性是善良还是邪恶的争论从来没有停止过，但是几乎所有的人，从小所接受的教育就是要做一个好人，要善意地对待他人，要将心比心地对待所有的人，替别人分忧，与他人共患难，但是实际上并不是所有的人都值得你与之共患难。因为在生活中，总有一小撮龌龊的小人，他们总是因为你善良而欺骗你、利用你，平时跟你称兄道弟，遇到棘手的问题时，让你冲锋陷阵，而自己在躲在一边，隔岸观火。他们为了保住他们自己的饭碗，在面临难以解决的重大困难的时候，会毫不犹豫地把台词"兄弟们，跟我上"变成了"兄弟们，给我上"！很多天真善良的人都是因为一时的义气而被他们欺骗了。所以说，年轻人闯荡社会时，一定不要太天真，你可以善良、诚恳，但是一定要看清楚一些人的真面目，不要被这些人的"假面"迷惑了，不要被他们利用了。

**当然任何人都不是完美的，都有着不同的缺点。有些人的缺点是可以容忍的，而有些人的缺点则不仅仅是缺点，而是险恶的居心了，这种人一定要防范。**那么到底哪些人是需要防范的呢？有职场高手总结出了九种职场小人：

1. 散播谣言的小人。这种小人是指喜欢听信谣言、制造谣言和传播谣言的人。这些人完全不理会什么是事情的真相，只要有传播的价值，他们便会毫不保留地用大喇叭广播出去，没有的事儿可以讲得好像有的一般。同事离职，他们就会开始传播谣言说离职者是因为被收买、人格问题、被人家催眠、没有道德、等等。他们很喜欢用谣言的方法向身旁的伙伴下毒，影响周遭的人。

2. 不负责任的小人。这种人就是指没有责任和不负责任的人，这类型的小人，该做的事往往都没做，他们很会偷懒儿。每当有事情发生了，他们的第一个反应便是推卸责任，他们会常说这不是我的错！他们会常责骂其他人，他们喜欢否认自己的过错，然后找借口来当成没一回事！

3. 人格分裂的小人。这种小人有一个特别的能力，那就是他们可以言行不一，讲一套做又另一套，喜欢夸大来讲，讲的时候就是天下无敌，做时便是有心无力。他们可以分裂的处理自己所表达和自己的处理。这种小人，往往只会包装自己，但是没有一点儿实力。以夸大来吸引大家的注意，然后许下自己无能完成的承诺。

4. 贪小便宜的小人。这种小人最爱贪小便宜，他们会因为贪小便宜而出卖团队及一起工作的伙伴。这小人常专注于眼前的利益而非长期的合作。在职场里,他们可能就是你起初非常信任的那些人,他常利用你对他的信任,然后出卖你!

5. 善变的小人。这种小人喜欢改变的不是自己,而是改变所设定的游戏规则。他们往往不能看到对方业绩越做越大,钱越赚越多,他们就会开始打改变游戏规则的主意。他们同时不只对外时会改变所设定的游戏规则,连同自己的工作伙伴也不放过。他们不能看到员工根据所设定的规则获得分红大、奖金多,他们就会开始改变规则。这里的关键是他们将会经常根据利己不利人的观点来改变游戏规则。这也就导致和他合作的伙伴流动量很大。

6. 假装可怜的小人。他们扮得楚楚可怜的人,很容易让人产生同情,然后施以援手。他们在人们的前面扮可怜的样子,是希望我们可以同情他,然后答应对方的要求,尤其是无理的要求。很多时候,我们就是因为心软,很容易就掉入小人的招数里,虽然我们有时是蛮清醒的!我们要记得,可怜的人必有可恨之处。

7. 拖人下水的小人。不论在商场上或任何一个团队里,我们都追求大家朝着双赢的方向前进,但有些时候,我们得到的结果不是双赢而是单方面赢而另一方面则是输方。最可怕的是,两败俱伤,这就是双输的情况,不能只是自己一个人输,同时也要其他人一起输。这类小人,每当他觉得自己吃亏,他就立刻把别人也拖下水,要亏,大家一起亏;要死,大家一起死;要输,大家一起输!

8. 嫉妒他人成绩的小人。每一个消息到这种人那里就变成坏消息,他们喜欢泼冷水,让你不但不激励或认可你,他们还让你泄气。这小人很容易眼红别人的成就,他们会想尽法子来抹杀你的成就,设法扯你的后腿。对于职场,他们是一群不会帮忙专搞破坏的小人。

9. 搬弄是非的小人。这种人在你前面讲一套,在后面又跟别人说另一套;在你面前对你非常好,但是在别人的面前就出卖你。他们喜欢向你套话,之后就说是你讲的,连你不同意的看法,他们都

会说是你说的！

虽然职场高手儿把小人分为九种，实际上大多数小人都会具有以上全部或者大部分的劣性。所以小人并不难辨识，难的是习惯以真诚来对待他人的人能不能懂得并不是所有的人都值得自己去真心对待的职场守则。所以，如果你刚刚进入职场，如果你一直是一个真心对待他人，毫无防范意识的人，就一定要转变态度，区别对待不同的人。

## 马上行动

俗话说："马善被人骑，人善被人欺。"如果你太善良了，别人就会欺负你、利用你，就会把你变成他的垫脚石。所以说，真诚待人是正确的，但是不能对所有的人都真诚，正如网络流行语所说的："你不能让所有的人都满意，因为并不是所有的人都是人。"并不是所有的人都是好人，所以你不能对所有的人都太真诚。

## 2. 天下没有白吃的午餐，更没有"白痴"的午餐

> 如果你想要获得最大的利益，那么就不要贪图小恩小惠，因为那不仅会使你停滞不前，还会使你陷入别人设下的陷阱。
>
> ——马克·吐温

在很久很久以前，一位聪明的老国王将他臣子召集来说："没有

智慧的头脑，就像没有蜡烛的灯笼，我要你们编写一本各个时代的智慧录，去照亮子孙的前程。"臣子们编了非常多的书，但是最后被国王总结为一句话："天下没有白吃的午餐。"

人们都知道要出人头地，就要以努力工作为代价，没有什么事情，没有任何人的成功是不需要付出任何代价的，也就是说天下没有白吃的午餐。其实天下不仅没有白吃的午餐，也没有"白痴"的午餐。如果有人请你吃午餐，也许是有一定的目的的，没有哪个"白痴"会平白无故地请人吃饭，而如果你以为别人只是头脑一热，或者钱太多而吃，那么你得审视一下自己的智商了。

清朝人郑板桥是当时有名的书画家，他的字画独具风格，很受时人欢迎，来向他求字画的人络绎不绝。郑板桥给很多人免费作画写字，时日一久，自己也支撑不起，就明码标价："大幅六两，中幅四两，小幅二两，书条对联一两，扇子斗方五钱。"并附带说明，交情归交情，要字画，出钱买。而且如果他不愿意卖给的人，无论出多少钱也不会"出卖"。一个盐商就吃了一次这样的闭门羹。他出银子一百两请他写一幅字，可遭到了郑板桥的拒绝，但是盐商并不就此罢休。

郑板桥特别喜欢吃狗肉。一天，他外出游玩回家时，闻到了狗肉的香味，便朝狗肉飘香的地方走去。香气是从一所茅草屋飘出，他进去见到主人说："我是郑板桥，闻到狗肉香，就贸然进来了。不知这家主人，可否让我吃一点。"主人一听是他，非常高兴，连声说道："久闻大名，请还怕请不来呢，现在你来赏光，实在是不胜荣幸。"说罢，就请郑板桥吃狗肉。郑板桥边吃边跟主人聊天，发现他竟然是个爱好书画的风雅之人，就觉得主人很有品位，与自己是同好，又觉得吃了人家的狗肉，有点过意不去，就说道："受了你一通美味的招待，心里不胜感激，但是又不知如何表达谢意。"主人听了之后连连表示不必客气，又表示如果真想表达谢意，恳请赐予墨宝。话刚说完，郑板桥拿起笔来，一阵狂作，书画立就，宾主尽欢。

后来有一次，郑板桥偶然去盐商家发现自己在茅屋所写的书画竟然挂在盐商房中。他忙问这是怎么回事，盐商据实以告，并且叫来一个仆人让郑板桥相认："先生见过他吧。"郑板桥一看，原来此人就是茅屋主人。郑板桥恍然大悟，自己中了人家的狗肉圈套，非常后悔，但是已经无法挽回了。

郑板桥因为吃了人家的狗肉，觉得过意不去，所以主动提出给人家写字作画作为回报，可以说是典型的"吃人嘴短"。他很高兴这样做，但是后来才发现，其实自己是中了别人的圈套，原来这顿狗肉本来就是有人设计来给他吃的，而且目的就是要得到他的字画，所以，聪明如郑板桥者，也吃了一顿"白痴"的大餐。

**俗话说："吃人嘴短，拿人手短。"如果你接受了别人的好处，那么就必然要为此付出代价。这个世界上绝对不会有人白请你吃饭的，因为没有一个人是白痴。**但凡有人请你吃饭，你一定要注意了，他肯定是有所图，或者很快就会应验，或者他觉得你有可以利用的潜力。

齐王刘肥是汉惠帝的兄长。刘邦在世的时候分封给他七十多座城池，他在朝中有相当的地位与权力。吕后一直将他视为眼中钉，必欲拔之而后快。吕后一有次想趁他与汉惠帝喝酒时，把他毒死，但是被他发现了，结果逃过一劫，吕后并不罢休。他的谋臣给他出了一个高招："太后只有当今皇上和鲁元公主一儿一女，自然对他们非常宠爱。而如今你有七十多座城池，鲁元公主却只有几座。您只要向公主献出一个郡来，将它送给公主，那么她一定会十分高兴，也就会像皇上一样帮助你。太后自然就不会再为难你了。"刘肥听后，就照他的说法去做，把自己封地中比较好的一个郡——城阳郡献给了鲁元公主。果然，鲁元公主在吕后面前一直说刘肥的好话，吕后本想再找个方法来除去他，现在见皇上与公主都对他十分满意，也就放弃了除去他的想法。而结果后来，吕后苦心经营多年的吕氏势力最终却被刘肥的儿子刘章和大将周勃一起铲除了。

鲁元公主完全是中了刘肥的圈套。如果吕后把刘肥除掉，她能够得到的绝对不仅仅是一座城阳郡，但是她得到了刘肥的好处，所以就去说他的好话，结果打消了吕后的打算。刘肥是付出了代价，一个郡的代价，但是他却保住了剩下的大部分封地。更重要的是在吕后铲除刘氏的时候，保存了刘氏的势力，最终使刘氏把汉朝的江山从吕氏手中夺了回来。

天下没有白占的便宜。人生在关键时刻总会遇到诱惑，如果你在此时能够放弃小利益，不为小恩小惠所动，绝对会在将来获得更大的利益。因此，作为一个想要取得成功的人，一定不要被他人的一点利益而收买，结果因此而做出了自己不愿意做，甚至对自己不利的事情，千万不要成为想白吃别人免费午餐的"白痴"。

## 马上行动

司马迁说："天下熙熙，皆为利来；天下攘攘，皆为利往。"人人都是利己的，都是为了获得名利而奋斗的。但有的时候，名利来得太快却不是一件好事。因为这样的名与利可能是别有用心的人为你制造的，是有目的的，所以要小心，不要因为贪图一时的小便宜而犯下错误，甚至葬送终生。

## 3. 职场小人不仅要防，还要反击，但是要反击得不动声色

> 职场中最不可避免的是遇到职场小人。小人是十分可怕的，因为他们能够毁坏你的升迁之路，能够让你陷入不堪的境地。但小人是不可纵容的，而是要反击的，但是反击小人一定要注意手法，一定要让小人哑口无言，最好以夷伐夷，要做得不动声色。
>
> ——陈安之

古人常说："害人之心不可有，防人之心不可无。"害人之心是一定不能有的，因为通过害人来达到自己目的的人最终无一例外地都落得凄惨的下场。但是如果你没有害人之心，并不是说你连防人之心也没有，因为并不是所有的人都没有害人之心的。所以说，对于有些人也一定要提防着点，对那些心术不正的人不能掉以轻心，尤其是那些一些品质低下的小人。

小人如苍蝇，无处不在，无所不为。在职场中也是充满各式各样的小人的。于浩是某家地产公司的策划，他负责一个小组的策划，跟手下几个员工一起为房子做宣传策划。有一次他想提出了一个非常好的创意，上报之后，老板很满意，当着很多员工的面夸奖了他，认为他是可造之材。他的下属张钧既是自己手下最称职的员工，也是自己的好友，每次工作忙得焦头烂额的时候，他都会额外做很多工作来支持他，并且会在他没时间吃饭时，去帮他买饭。于浩非常

感动，总想着以后要好好地报答他。但是有一次，他又提出一个好的创意之后，老板却对他非常不满，他说："我本来对你印象挺好的，但是没想到你居然是我不喜欢的那种员工。好创意并不是每次都能想出来的，没有提出可行的方案也无可厚非，但是你不能抄袭同事的创意啊！"说着拿出了一份策划书给他，那份策划书的创意与他的一样，署名是张钧。

面对老板的不满，他哑口无言，因为没有任何证据证明他的清白。他没有想到自己的下属，自己的好朋友却将了自己一军，后来他一气之下就辞职了，而老板还一直以为是他羞愧不已而辞了职。在职场中，有一些人可能会嫉妒你的才能，有的人最多只是嫉妒一下，背后说两句不好听的话，但是有的人却采取了卑劣的行动，会直接用卑劣的手段把你搞掉。所以说，职场如战场，人与人之间都是利益关系，所以没有任何人会跟自己关系好到像知己一样，害人之心固然不应该有，但是防人之心一定要有。可是遇到可能会害自己的人应该怎么防备呢？其实这才是最应该学会的职场技巧之一。

曾有人做了一个调查：职场如果遇到小人该怎么办？数据显示，有25％的人选择了默默忍受型，而24％的人则会"直接向老板澄清事实"；有14.06％的受访者认为应该对小人的行为反击，绝不能姑息养奸；更有13.66％人认为对付小人必须联合其他人，发挥群体的力量，这样，小人再也没有他的存身之地了；当然也有比较中庸的做法，12.14％的人认为惹不起躲得起，不与小人计较；仅有0.92％的人表示可能会迫于压力与小人为伍。

**事实上，对付小人倒并不是很难，但是难的是如何在"小人"作恶之前能够识别出小人来。因为"小人"并不是简单的人，尤其是下属中的"小人"更是善于察言观色，他们不会做让人一眼看穿的蠢事；他们还善于情感游戏，能够准确地揣摩对方，让对方误以为他们是"知己"，因此，常有"小人"被发现之时，人们惊讶不已。**

　　巧妙地对付小人的方法就是要将计就计，用小人的错误来打败小人，而且要防得不动声色，让小人拿自己一点办法也没有。张凤是职场小人，经常拍领导的马屁，而且是以贬低别人的手段来进行的。更过分的是，她经常在拍别的领导马屁时，要贬低一下跟自己同时进公司却成为自己上司的周君叶。比如她对财务科的科长李兰说："哎呀，这条银色蝴蝶项链配上你这件毛衫真是好看，如果周君叶戴上就不好看，她没你白。"周君叶知道后很生气，但是也没有找她理论，而只是漫不经心地对一个爱传小道消息的同事说李兰是周杰伦的歌迷，又说她的男朋友长得高大英俊，另外小李唱歌最好听，音质极像了王菲。这些话很快传到张凤耳中。第二天，她就给李兰送来一张周杰伦的 CD，李兰连连摆手说："不听不听。我最讨厌周杰伦了，长得那么难看，唱歌还含混不清。"张凤一愣，赶快转换话题说："其实我也不喜欢他。对了，听说你男朋友是个高大帅气的白马王子，什么时候带来让我们见见啊？"李兰听了有些不悦："我不喜欢谈私事。"张凤见一招不行，又接着道："晚上有没有空儿？咱们一起去歌厅怎么样？反正是周末，咱们开心地唱一夜。"李兰坚决地摇头说不去。张凤劝说道："去吧，我还对我的同学说你是王菲第二，今天要给她带个歌后去呢。"小李又拒绝了。张凤讪讪地回到自己的办公室，她觉得自己的马屁功没有拍好，但是又不知道错在哪里。后来才知道：原来李兰最讨厌周杰伦；她的男朋友身高不足 170cm，而且长得也不帅；并且她根本不喜欢唱歌，也不喜欢王菲。

　　于浩在职场中遭遇了小人，不是去对付小人，而是做了对自己不利的事情，一气之下辞职走人，而且还让人以为是自己羞愧不已，没脸再呆下去。而周君叶则正相反，她在遭遇小人时，主动出去，而且运用的是"以其人之道，还治其人之身"的高招儿。防备小人当然是应该的，可是如果你只防备他，那么他可能会以为你是一个软柿子，会变本加厉地谋害你，而如果你能够反击他一回（小人一般是怕别人反击的)，那么以后他就不敢再对你使坏。所以说，小人固然需要防备，但是必要的时候，也要给予反击。

就像困难一样，职场中的恶人也像弹簧，你弱他就强，你越是躲避着他，他越会欺负你，越会给你使绊子；如果你防着他，并且会反击他，那么他就会因为你的强而变弱，而不敢再来惹你。所以遭遇小人并不可怕，可怕的是你不防备他，更不会反击。因此，对小人一定要不仅严于防备，更要敢于反击。

## 4. 该出手时就出手，成功就是一条"流血的仕途"

> 先下手为强，后下手遭殃。
>
> ——俗语

郭盈在某公司工作已经三年多，一直默默工作，看起来很不起眼儿，不管公司内的人事斗争如何复杂，她从不参与其中，即使偶尔被动卷入，也能因为深得上司和同事的信任而全身而退。年初公司来了一位新高管，上任不久便猛烧了好几把大火，通过不同的方式把公司里几个内斗的核心人物给辞掉了，而平日里一点儿也不起眼的郭盈却好像忽然间变成了公司里的活跃人物，由于平时和各方的关系都非常好，上司对她印象一直不错，所以在做晋升综合评价的时候，得分也相当高，于是，便顺理成章地升任了部门经理。

大家都对此很不理解，但是后来便明白，原来郭盈并非看起来那么温和柔顺，在人事变革的过程里她异常主动活跃。好几个同事的人事变动，都由于她和新上司的几次谈话起了作用而产生。由此可见，她的顺利晋升靠的不是运气，而是因为她在应该出手的时候适时出手了。职场在某种程度上也如战场，如果你不出手，那么对手就会致你于死地，所以应该出手时就出手，杀出一条"流血的仕途"。

**在职场中混，大多数人都崇尚中庸、韬光养晦之术，都不想卷入职场斗争，都只想专心做自己的工作，但是并不是所有的人在任何时候都能成为职场隐身人。尤其是你想要使自己的职场生涯取得重大进展时，职场斗争是不可避免的。**郭盈能在人事变革中大获全胜，靠的是长时间以来的隐藏蛰伏，在做好本职工作的基础上，努力争取获得大家的信任，更靠的是抓住时机，该出手便出手。

当然，什么时候该出手需要自己把握，千万不能在脚跟没站稳的时候，就急着去锋芒毕露地参与到斗争中去，这样做的人往往会被职场老手儿当成一枚棋子，最常见的结果是竞赛刚刚开始，便成了别人斗争的牺牲品，所以说，要等自己站稳脚跟了，在公司内有一定的实力与影响了，再找准时机参与到斗争中来。郭盈便是如此，她在公司已经默默又认真地工作了三年，公司高层领导对他已经非常信任，早已暗示她将来有机会担当重任，所以才会在对当前局势的清晰认识和看清了公司此举的意图下，"该出手时就出手"，毕其功于一役。

中国留学生张劲松毕业后先在华尔街一家金融公司工作，后来跳槽到另一家更有实力的公司上班，与她一起被公司录用的年轻同事法国留学生卡赛违反公司规定偷偷告诉她，她的薪水仅仅是卡赛的一半。"美国公司很歧视外国人"她友善地说。张劲松听了差点被气疯，她考虑了一下便决定立刻去争取自己的权利。她直接跟大老板据理力争说："你也许不完全知道，与我一起雇来的员工都没有工作经验。而且这三个月以来，我的成绩最好，一共完成三个项目，其中一个是独立完成的，给公司创汇七十多万美元。我是多么努力，大家有目共睹，但是我的直接上司根本没有耐心教我任何专业知识，却把我的成绩当做他个人的功劳，在公司获取最高的待遇。在这种情况下，我的薪水还要少于他人，这很难让我接受；我相信，这也难以让您接受。如果谁因为我的种族而欺侮我、歧视我，我一定和他拼到底！"她的声音里情不自禁地带上了眼泪，"如果我是你们家庭的一个成员，是你们的小妹妹，你们会这样待我吗?"最终，张劲松得到公司的道歉卡，同时加薪50％，并补足原来的工资数额。

张劲松的事例虽然发生在美国，与中国的观念与文化有一定的差异，但是道理却是一样的。当你觉得自己的利益受损，或者你觉得自己的努力应该得到公正的承认而没有得到时，就要去争取，该出手时就出手，大胆地索取；如果你不索取就得不到，索取就能得到。随着职业生涯的进展，没有人会再满足于自己当前的职位、待遇等方面的基本要求，而这时一流的员工便会去争取自己的职位与待遇，他们会抓住时机寻找晋升的机会，会在职场斗争中抓住有利时机努力拼杀，夺取属于自己的一片天地。

## 马上行动

韬光养晦、以静制动，这是大多数在职场中的处世规则，不参与职场斗争，做职场的隐身人，更是很多职场新人在入职之前的打算。但是很多时候并不能如愿，你不主动参与职场斗争，职场斗争却会主动找上门来。所以就需要混迹职场中的人，该出手就出手，不要成为职场斗争中的牺牲品，要在职场斗争中杀出一条"流血的仕途"来。

## 5. 别让身边的定时炸弹滴答滴答响个没完没了

> 有些职场绊脚石就像定时炸弹埋在你身边一样，时时刻刻能够给你带来危险。对这种人坚决不能心慈手软，一定要及时下手将其拆除，免得将来后患无穷，将自己炸得粉碎。
>
> ——安东尼·罗宾

　　在职场中奋斗，很有可能会遭遇一些心术不正的人。这些人平时会对你百般地好，但是暗地里可能会对你做出一些非常不利的事情。然而在大多数情况下，大多数人都是本着与人为善的原则来与职场中人交往的，所以也就不愿意对这些人痛下杀手，往往是得过且过，能容忍便容忍。但是有些人却是不能容忍的，因为他会对你产生极为不利的影响，他一直在你身边埋伏着，像一个定时炸弹一样一直在威胁着你，总有一天会把你炸掉的。还有一些人虽然并不是心术不正，但也像是定时炸弹，他们可能在无意中做对你不利的事情，但是他们的举动却会产生对你极其不利的影响，这种人虽然无心害人，但是为了自己的利益起见，也是必须要拆除的。

　　在演义小说《杨家将》中，杨继业是被大将潘仁美害死的。但实际上，在正史中记载，害死杨业（杨继业历史原型为杨业）的另有其人，那就是朝廷派来的监军王侁。当时大将潘美（演义小说中潘仁美的原型）与杨业领兵抗击辽国。辽军已经占领寰州（今山西朔县东），攻势很猛。杨业建议派兵佯攻，吸引住辽军主力，并且派精兵埋伏在退路的要道，掩护军民撤退。但是监军王侁反对杨业的意见，说："我们带了几万精兵，还怕他们？我看我们只管沿着雁门大路，大张旗鼓地行军，也好让敌人见了害怕。"杨业说："现在敌强我弱，这样干一定要失败。"王侁带着嘲笑的口吻说："杨将军不是号称无敌吗？现在在敌人面前畏缩不战，是不是另有打算？"这一句话把杨业激怒了，他说："我并不是怕死，只是看到现在时机不利，怕让兵士们白白丧命。你们一定要打，我可以打头阵。"

因为王侁是代表朝廷的，所以主将杨业也不能反对他的主张。杨业无可奈何，只好带领手下人马出发了。临走的时候，他流着眼泪对潘美说："这个仗肯定要失败！我本来想看准时机，痛击敌人，报答国家。现在大家责备我避敌，我不得不先死。"接着，·他指着前面的陈家峪（今山西朔县南）对潘美说："希望你们在这个谷口两侧，埋伏好步兵和弓弩手。我兵败之后，退到这里，你们带兵接应，两面夹击，也许有转败为胜的希望。"

杨业出兵没有多远，果然遭到辽军的伏击。杨业虽然英勇，但是辽兵像潮水一样涌上来。杨业拼杀了一阵，抵挡不住，只好一边打一边后退，把辽军引向陈家峪。

到了陈家峪，正是太阳下山的时候。杨业退到谷口，只见两边静悄悄，连宋军的影儿都没有。潘美带领的主力到哪儿去了呢？原来杨业走了以后，潘美也曾经把人马带到陈家峪。等了一天，他听不到杨业的消息，王侁认为一定是辽兵退了。他怕让杨业抢了头功，催促潘美把伏兵撤去，离开了陈家峪；等听到杨业兵败，王侁又命潘美率军从一条小道撤退了，结果最后杨业与部下全部战死沙场。朝廷得知之后，将王侁革职，潘美也被降职处分。

据《宋史》记载，王侁虽系名门之后，也有战功，但其为人"性刚愎"，刚愎是统兵打仗的一大忌，所以他是潘、杨二人身边的定时炸弹，如果不能把他拔除，早晚都会出现问题。但是二人并没有想办法把他拔掉，结果最后杨业战死，潘美也没有落得一个好下场。**职场如战场，如果身边有这样一个定时炸弹，总有一天会被引爆的，到时候再想法处理就已经晚了，结果必然是非死即伤。**所以说，不要心软，如果有定时炸弹，就一定要想方设法拆掉。

张辉是某广告公司的首席文案，工作一直很忙，公司为了帮助他更好地工作，给他安排了一个助理，助理工作很认真，他也很高兴，但是"蜜月期"一过，他却发现这个助理喜欢散播信息。因为首席文案会掌握一些公司的机密，而他作为助理也会接触到，所以就把一些公司中的机密事情往外传播，结果使很多人都知道了一些影响公司的机密。公司的领导却认为是他传出来的，找他谈过话。张辉知道是助理传播的，但是却认为他刚刚参加工作不懂职场规则，回去之后委婉地向他暗示了一下。但是不久之后又发生了这种事情，他很生气地直接告诉他不应该传播这种消息。这次助理老实了，大概有两个月没有再听到公司里有关于文案的消息流传。可是后来老板却把张辉严厉批评了一顿，因为公司有一位员工跳槽到对手公司去把本公司的一大客户挖走了，而原因就是因为这位员工掌握了公司的一个机密，公司排查之后得知是从文案组传出来的，而这个消息只有张辉接触到了。张辉相当生气，三番五次地告诉助理不要散播这种消息，但是他还是散播了。这次他决定不再隐藏了，而是把所有的事情全说了出来，并且让老板对比一下助理入职之前与入职之后消息走漏的情况。老板这才明白，全是助理在泄露机密，立刻就把助理辞退了。

职场中的人有时并不能将心比心地对待，因为他并没有将心比心地对待你。张辉一直对助理庇护有加，但是助理却屡教不改，最终给公司带来了严重的损失，还损害了自己的形象。这种人是职场中的定时炸弹，如果你不及时将其拆除，总有一天会对自己造成不利的影响。所以，职场做人当然不能眼睛里揉不得一点沙子，但是也不能过度容忍一些可能给自己造成不利影响的人。当遭遇这种情况时，千万不能姑息养奸，而是要"斩草除根"。

马上**行**动

看一看你的身边有没有埋着一个"定时炸弹"，是不是有一颗炸弹埋藏已久，但是你却不忍心拆除。如果有，现在就着手去拆除它吧！不要心慈手软，因为如果你不拆除它，总有一天你会被它炸掉的。

## 6. 掌握必要的心机和手腕，不会做局的人是可耻的

> 做事的方法不是评价一个人道德的标准，而其目的与结果才是评价标准。如果以不道德的方式对待不道德的人，或者去做有道德的事，那么这种做法则是道德之最大者。
>
> ——安东尼·罗宾

古希腊哲学家苏格拉底与他的学生有过以下一段对话：

学生：老师，请问什么是善行？

苏格拉底：盗窃、欺骗、把人当奴隶贩卖，这几种行为是善行还是恶行？

学生：是恶行。

苏格拉底：欺骗敌人是恶行吗？把俘房来的敌人当作奴隶卖是恶行吗？

学生：这是善行。不过，我说的是朋友而不是敌人。

苏格拉底：照你说，盗窃对朋友是恶行，但是，如果朋友要自杀，你盗窃了他准备用来自杀的工具，这是恶行吗？

　　学生：是善行。

　　苏格拉底：你说对朋友行骗是恶行，可是，在战争中，军队的统帅为了鼓舞士气，对士兵说，援军就要到了，但实际上并无援军，这种欺骗是恶行吗？

　　学生：这是善行。

　　在职场中，大多数人都不愿意做那些不仁不义的事，但是如果对方先做出不仁之事，那么也就没有必要跟他讲道德，既然他已经先对你不仁，那么就要以不义对他回击。当然，这样虽然不好，可是如果对方损害了自己的利益，还损害了其他人的利益，则这样做也是无可厚非的。如果有人做了对你不利的事，你一定要有必要的心机与手腕，一定要学会做局来反击他，不然你将会遭到他更加强烈的欺侮。

　　众所周知，海瑞是明代有名的清官，道德高尚，但是他也是会做局的人。明代时，浙江淳安县土地贫瘠，老百姓穷得连饭都吃不上。但因地处新安江下游，交通便利，常有朝廷官员路过，淳安县县官免不了迎来送往、吃喝招待，这更加重了负担，百姓苦不堪言。海瑞任淳安知县不久，立下一条规矩，不管高官显贵，一律按普通客人招待。正好有一天胡宗宪的儿子从淳安路过，胡公子素来养尊处优，看到驿吏送上来的一般饭菜，觉得是有意羞辱自己，火冒三丈，一把掀翻饭桌，还命令随从把驿吏五花大绑，倒吊在房梁上。海瑞赶到现场后，不动声色地说："总督是个清廉的大臣。他已经吩咐各县，招待过往官吏，不得铺张浪费。现在来的那个花花公子，排场阔绰，态度骄横，绝不会是胡大人的公子。一定是坏人冒充公子，到本县来招摇撞骗败坏大人的名声的。"于是命令把胡宗宪儿子和他的随从统统抓了起来，带回县衙审讯。胡公子仗着父亲的官势，开始还暴跳如雷，咆哮公堂。但海瑞毫不畏惧，坚持认定他是假冒公子，并要把他重办，他才垂头丧气地认罚。海瑞把他的几千两银子统统没收充公，然后把他狠狠教训一顿，逐出县境。

　　等胡公子狼狈回到杭州向父亲哭诉的时候，海瑞的报告也早已送到巡抚衙门，说有人假借公子之名作非法之事，请求将其严惩，胡总督已经答应了。胡总督这才知道上了海瑞的当，儿子吃了大亏，但是却也拿海瑞没有办法，并且如果把这件事声张出去，更是丢尽脸面，所以只好忍气吞声。

其实不论在官场中，还是在商海中，还是在处理人际关系时，如果发现对方做了对自己不利的事情，就应以牙还牙，就应该设计一个局来与之进行针锋相对的决斗。

20世纪80年代，日本经济开始腾飞，电子技术飞速发展，出现了许多大的电子公司，日立就是其中一家。但是在电脑市场上，无论硬件还是软件，日立的技术都落后于美国的IBM公司，在大型电脑方面，IBM更是遥遥领先，日立公司一直试图私下购买IBM公司电脑的有关技术资料，但是IBM总裁沃森一直不答应。

1980年11月，IBM公司有关电脑设计秘密的技术文件竟从保险箱中不翼而飞。据秘密调查，在日立公司发现了IBM公司最新的电脑设计手册。但IBM没有立即起诉，因为日立公司还想进一步获得这一机型的全部资料，并多方拉拢访问日本的美国人，沃森决心要对日本人进行一次大报复。他找到联邦查局的好朋友特别侦探阿兰·萨乌丁，二人进行了一番密谋。密谋的结果由萨乌丁装扮成IBM公司的专家哈里逊假装去向日立出卖IBM的资料。

不久，日立公司在美国实行窃密任务的主要角色全部落入联邦调查局的圈套，日立的三井公司的木村工程师和电脑设计主任万田，也都中了圈套。1982年6月22日上午9点30分，携带尖端技术资料准备回国的日本三井电机公司的工程师万田在旧金山国际机场被捕，与此同时，日立公司主任工程师小泉治在格莱曼公司门前被捕，与此案有关的日立和三井公司的另外十几名驻美人员也被联邦调查局一网打尽。

**人人都知道应该真诚地对待他人，不能设计"陷害"别人。但是并不能对所有的人都讲道德，尤其是在对方先不讲道德，先做了**

对自己非常不利的事情时，一定不要心慈手软，对付心黑手辣的人不妨使用更"黑"的手段。日立集团以违法的手段取得了 IBM 的技术，所以 IBM 也就不再与它讲道德，设计出一个局，结果把这两家不道德公司一网打尽，成功地维护了自己的利益。

没有任何人愿意设计他人，没有任何人愿意与他人为敌，但是很多时候，人在江湖，身不由己。你不设计别人，别人也会设计你，所以你会被迫去通过设计一个局来对付那些陷害你的人。这不违背你的个人道德，更不违背社会的准则；相反的，不会设计局的人才是最可悲的，至少你不会保护自己，没有为自己的成功护航。

 马上行动

《孙子兵法》中说："以其人之道，还治其人之身。"在职场上打拼，很可能会遭遇他人的设计，尤其是你有才能的话。正如古人所说："不遭人忌是庸才。"这也反过来说明，只要你是个有才能的人就会遭到他人的嫉妒，进而有人会因为你有才能而设计陷害你。这时你需要做的不仅仅是防备，而是反过来设计一个局来击退他。

## 7. 成大事者需要具备的九种素质和九种手腕

> 有胆有识、有才、有手段、有谋略、有智慧的人才能取得一定的成就，才是成大事的人。
>
> ——南怀瑾

对于跋涉在成功之路上的人来说，每一步都需要付出艰辛。面

对人生的每一次考验、每一次挫折，都要以自己的才能，借着自动自发的激情与坚定的意志，勇敢地奋斗。在境况的改善中，成大事者感受到了人生滋味的甘美。**我们也不难发现，那些取得辉煌成就的人都有一个共同的特征：他们之所以能成大事，都赢在做人方面，他们具备一定的素质，做事具备极强的手腕。**

一、敢于决断——战胜踌躇不定的习性。

很多人之以是一事无成，最大的原因便是缺乏敢于决断的手腕，左顾右盼、思前想后，从而错失获得成功的最佳机缘。成大事者必是敢于做出决断的人。

二、抓住机会——寻找机会，抓住时机。

机会是人生最大的奇遇。有些人唾手便可得到一个机会，但是却让一个个有重大潜力的机会都悄然溜走。主要是因为他不会抓住机会，而成大事都是会主动寻找机会，绝对不许机会溜走的。

三、凡事要学会统筹规划——站到更高的出发点上。

无论做什么事，都是要有一定的方法与过程的。正如古人所说："凡事预则立，不预则废。"如果你不能在事先懂得统筹规则，那么事情也就无法做得更好，所以，这也是做事需要具备的一种手腕。

四、打破窘境——从失败中撮乐成的成本。

人生总要面临各类窘境的挑衅，一样寻常人会在窘境面前目今混身颤栗，而成大事者则能把窘境变为乐成的有力跳板，因此要在遇到窘境时，要学会打破这种境遇。

五、扬长避短——做自己最擅长做的工作。

任何人都有长处与短处，所以在做事情的时候，一定要做自己擅长的事情，千万不能以己之短去与他人之长竞争。

六、调整心态——切忌让情感危及自己。

心态悲观的人，无论怎样都挑不起重担，由于他们无法直面一个个人生问题，不能以正确的良好的心态来对待一切。成大事者则有一种平和的心态，无论遇到什么事情都会处变不惊。

七、敢说敢做——只说不做，徒劳无益。

有些人之所以不成功，是因为他们是"语言的巨人，行动的矮子"，因此看不到更为实际现实的工作在他身上产生；成大事者是天天都靠步履来落实自己的人生目标的。

八、擅长交际——懂得操作人力资本。

大凡成大事者的还有这样一种素质：他们长于靠借力，能够建立良好的人际关系，能够借力营造成功的排场境地，从而能把一件件难以办成的事办成，实现自己人生的规划。

九、战胜自己的缺点，彻底改化自己。

人人都是有缺点，成大事者也不例外。但是成大事者能够战胜自己的缺点，能够将自己的缺点缩小到最小化，而不会影响自己的能力；那些不能成大事者则不仅不能改正自己的缺点，甚至有时候还会使缺点越来越严重，严重到影响得自己没能取得成功。

大凡成大事者，无一不具备以上的素质。实际上很多人也具备以上素质的几种，但是并不完全具备，所以没能取得成功，或者没有取得令自己满意的成功。因此每个人都要提高自己的素质，都要使自己完全具备以上的九种素质。事实上，成功也不是一件容易的事，有时候具备以上九种素质，虽然能够使自己能够更好地成功，但并不一定成功，因为成大事者还必备九种手段：

一、能够笼络人心的手段。

世界上最难战胜的是人心，而如果能够笼络了人心，那么就会战无不胜，攻无不克。所以成大事的人首先要具备笼络人心的手段。其实笼络人心并不难，只要能投其所好便可，重情以动之以情，重利者"晓"之以利。但是一定要做得恰到好处又"不着一字"。

二、能够折服上司的手段。

上司在自己的职场生涯中是很重要的人。与上司搞好关系能够使自己学到更多的知识与经验，能够帮助自己顺利地熟悉工作，并更好地完成工作。很多上司都是很有热情的，他们会积极主动的为下属提供各种帮助，向下属教授各种工作方法，但前提是这个下属必须能够折服上司，能够让上司觉得自己是个有潜力的，值得花费心血来培养的。

三、能够驾驭下属的手段。

下属要有能够折服上司的手段，而上司也需要有能够驾驭下属的手段。如果作为上司，你没有使下属听命的能力，那么也就很难把工作做好，所以说，作为上司，你还需要有能够驾驭下属的能力。

四、拒绝他人的手段。

拒绝他人似乎人人都会，但是能够做到既拒绝了他人，又没有让他人对自己不满才是真正的有手段。我们不能做到让人人都喜欢自己，但是至少能够做到让人人都不会讨厌我们，而如果你拒绝了别人就会有人讨厌你，但是有时候却必须要拒绝他人，所以拒绝他人而不会引起对方的不满是每个人都需要具备的职场手段。

五、随机应变的手段。

职场中也会有突发事件的发生，很多人一遇到突发事件就会不知所措，慌张不已，这是因为他们缺乏随机应变的手段。随机应变也是一种十分重要的职场手段，每一个成功者都需要具备这种手段，因为突发事件往往关系到公司的生死存亡。

六、制服对手的手段。

职场竞争必然有对手，职场竞争有时候其实就是拼个你死我活的过程，而制服对手的手段就显得成为重要，如果你不能够制服对手，那么就有可能被对手制服，导致失败。

七、战胜自己的手段。

制服对手有时候是很容易的，但是战胜自己却是很困难的。正如人们常常说的那样：自己最大的敌人往往不是别人，而是自己。

所以说，如果你制服了对手，但是却不能战胜自己，最终还是要失败。

八、赢取盟友的手段。

虽然职场竞争离不开胜负之争，但是如今的竞争已经不再是简单的你死我亡的竞争了，而是需要与竞争对手建立盟友的关系，把对手变成朋友，然后一起来对付更强大的敌人。所以你还需要拥有赢取盟友的手段。

九、攻克难关的手段。

人生路重要的地方往往就是那么几步，而重要的地方也往往是最难的地方，也就是所谓的难关。如果你能够攻克难关，那么将一切顺畅，所以作为一个想要成功的人，你一定要有攻克难关的手段。而这种手段又是因人而异的，你需要根据自己的特点来塑造自己的这种能力。

马上行动

做人要有素质，要有各种各样的素质，没有素质是不可能取得成功的，因为没有人愿意与没有素质的人打交道。但是并不是说有了素质就一定能够取得事业的成功。成功人士还需要具有一定的手段，要有能够成事的手段，也要有能够守成的手段。总之，只有具有素质，并且同时还有手段的人才会取得成功，才能保持成功。

竞争能激发人的奋斗精神，它使人精力充沛、思维敏捷、反映灵活、想象丰富。通常情况下，人只能发挥自身潜能的百分之二十左右，而在竞争过程中，人会处于紧张的情绪状态，这种情绪有利于个体潜能的发挥，能够鞭策自己不断地进步。但是有些时候，并不是所有的人都有竞争对手。而如果自己不能很努力地工作，就需要设计一些假想敌来鞭策自己，使自己能够不断地进步，能够不断地提高个人能力，从而取得成功。

设计一些假想敌，
鞭策自己进步

第六章

# I. 激发你成功欲望的偶像是谁，是摔碎他的时候了

> 我粉碎了一切障碍。
>
> ——巴尔扎克

榜样的力量是无穷的，这句话同样适用于职场。很多人喜欢看名人的自传，读名人成功的故事，或者是效仿身边比我们高一级别的同事，目的都是希望从他们身上学到成功的经验，事实上有一个偶像当路标，才能让你有目的、有节奏、有条理地走好职场之路。成功路上每个人都需要一个榜样。榜样的力量就如黑夜中远处的灯塔，一方面指引着黑夜中行人的路向，另一方面更是增强夜行人的信心与力量。每个人都有仰望他人的时候，每个人都有迷茫看不清方向的时候，而在此时此刻，锁定职场发展的榜样，放低心态，承认自己之不足，向榜样学习，见贤思齐，职场一族们必然可以渡过发展之迷茫期，向着更广阔的职场康庄大道挺进。

《跳出我天地》是发生在英国北部小镇的故事，有一个叫比利的11岁小男孩，他是矿工的儿子，自从上了一次舞蹈课之后，被教练威尔金森夫人的精彩表演深深打动，从此以后，他便以教练为榜样，立志要成为一名出色的舞蹈家。但是他的父亲一直希望他将来成为一名拳击手，并且十分鄙夷男性跳芭蕾的行为。他顶住家人的压力，不畏嘲笑与打击，坚持练习自己钟爱的芭蕾舞，并一直努力争取家人的同意与支持。在这样一个恶劣的生存环境，是榜样的力量让弱

小的男孩迸发出巨大的奋斗激情。

比利在经过一段时间的练习之后，进展很快，几乎超过了他的榜样威尔金森夫人。威尔金森夫人认为自己已经不能再教他了，便推荐比利进入著名的皇家芭蕾舞学校学习。比利有着惊人的天赋与高招的技术，所以很容易就被皇家芭蕾舞学校录取，而他的家人得知这一消息之后，也非常高兴，不仅不再反对他练习，而且还倾尽全力来支持他去追求自己的梦想，最后比利成为著名的芭蕾舞蹈演员，美梦最终得以成真。

比利的成功与他个人的努力分不开，但是不得不承认的是，他的偶像，也就是他的教练威尔金森夫人给了他极大的影响。如果没有她，比利可能不会选择跳芭蕾；如果不是她，比利也找不到自己更上一层楼，取得真正成功的道路，不会去皇家芭蕾舞学校学习。比利超越了他的偶像，而且是在偶像的指导下超越的，所以他取得了比偶像更大的成功。

每个人在年轻时都会有自己的偶像。偶像是自己成功路上的榜样，在自己的奋斗过程中会给自己巨大的力量，尤其是在精神上，会鼓励自己不断地努力，要取得像自己的榜样一样的成就。1995 年凭借《非常嫌疑犯》获得奥斯卡最佳男配角，五年后又凭借《美国丽人》拿下奥斯卡最佳男主角的好莱坞著名演员凯文·史派西在第二次获得奥斯卡时特别感谢了一个人——杰克·莱蒙。杰克·莱蒙是好莱坞著名的老派演员，曾多次获得各种颇具影响力的大奖。他与凯文·史派西是至交，被凯文·史派西奉为偶像，正是在他的鼓励与激励之下，凯文·史派西在短短的四年间便两次获得奥斯卡，完成了他用了近二十年才走完的道路，超越了他的成就。

**偶像的力量当然是巨大的，但是有时候，当你的成就达到一定程度之后，当你达到了你奉为偶像者的程度之后，如果还将其奉为自己的偶像。那么他将会成为自己取得更大成就的束缚，因为偶像**

把自己框住了。所以，需要超越偶像，甚至是摔碎偶像，向更大的成功进步。

几乎所有成功者在开始奋斗时，都是通过模仿起步的。因为模仿是一种捷径，是一种可行又安全的起航方法。温州人最初靠模仿打出了自己的一片天地，模仿成为温州模式的一个重要标志。但是如果一直在模仿，从不曾超越，那么必然会走向失败。近几年来，很多的企业并没有在模仿中超越竞争对手，更没有超越自己。目前很多中小型企业由制造商转型为代理生产的工厂，自己的品牌从市场退兵，不仅没有进步，反而是退步了，下一步可能是绝路。

成功的企业与个人则会由追随模仿者变成追赶、超越，后发制人，然后转型为市场上的挑战者，进而击败原先模仿的对象。

据说，娃哈哈的产品创新战略是以模仿、追踪为主的。宗庆后一再强调"只要领先半步就行"，娃哈哈从来不追求最新的，从来都是模仿、跟进，并且在模仿的过程中超越对手。"娃哈哈"就是在一直模仿别人，并且在模仿的过程中，他们捷足先登，并力求超越对手，最后创新突围，成为了知名企业。

1999年马化腾在深圳成立了一家软件公司，研发一种网络即时通讯工具，其实所谓研发就是模仿，他模仿了国外一家即时通讯工具OICQ。在开始的时候一直模仿这一软件，只是将其本土化。但是在经过一段时间之后QQ越来越壮大，最终超越了OICQ，成为中国境内使用人数最多的即时通讯工具，之后马化腾又以QQ为依托，开发了各种软件，比如QQ游戏将联众世界超越，QQ邮箱成为与网易抗衡的邮箱，QQ空间成为重要的博客网站等等，一直在模仿过程中将对手超越。马化腾的成功可以说一直在模仿他的榜样，但是最终将几乎将所有的榜样都打败。最近更是传出新闻说，QQ将收购OICQ，彻底将其偶像击碎。

当企业与个人得于事业的发轫期时，需要对已经取得成功的企业与个人进行模仿，将其视为自己的榜样，去学习、去追随。但是当自己也取得了相当的成就，尤其是与榜样的成就不相上下时，就需要将偶像粉碎，因为它已经成为你成功路上的绊脚石，已经开始束缚你的成功了。所以说，要把最初激发你成功的偶像摔碎，因为现在已经到了你超越他，向着更大的成功进发的时候了！

马上行动

你是不是被他人束缚着，而且这个人曾经是给你以力量，甚至是指导你人生的导师。可是现在你却发现他的身上有许多不足，而且你的成就已经与他相当，但是他已经停滞不前，而你的能力远远能够取得比他更大的成就。没错！他曾经是你的偶像，但是现在是你需要抛弃他的时候了，因为他束缚了你，使你不能取得更大的成功。如果的确是这样，那就摔碎他吧，因为他阻挡了你的成功之路！

## 2. 周围都是竞争对手，你要在与他们的竞争中提高自己

> 唯一能持久的竞争优势是胜过竞争对手的学习能力。
>
> ——盖亚斯

经济学认为世界上的一切资源都是稀缺的。如果 A 得到了一种资源，那么 B 就不能再得到这种资源。A 与 B 会为了这种资源而展

开竞争。你身边的每一个人都可能是你的竞争对手，所以你要有竞争意识，要时刻保持斗志，在竞争中提高自己，把别人可能夺走的奶酪抢回来。

在竞争日趋激烈的商业战场上，你可能会遇到许许多多的竞争对手。这时，你得小心谨慎，认真考虑竞争对手会采取什么策略，千万不能轻视了对手。绝不可以天真地认为，在你努力进取时，对手正在睡大觉，而事实上，他们正费尽心机地考虑如何战胜你呢。

职场从来都是你死我活的竞争战场，永远不缺斗智斗勇的精彩戏码。职场竞争激烈，每个人都在力争出位，但不是所有的努力，都能得到相应的回报。当人无法得到预期的肯定，又缺乏自省意识，就容易在客观上找原因。最简单的就是寻找假想敌，与之展开竞争，在竞争中提升自己，最终要将其战败，取得成功。但是假想敌并不是随便找一个人便可，也是需要进行精心选择的。正如"不遭人忌是庸才"，你要树立的假想敌也绝对不能是一个庸才。

阿里巴巴董事局主席、首席执行官马云说，向竞争对手学习也是自己的成功之道。他认为："竞争对手所做的每一项决策，都能使我们获得成长。竞争对手还是企业最好的实验室，因为竞争对手会研究你，而你也会从他们所提出的任何创新点子中吸取经验。"马云在新加坡举行的APEC中小企业峰会上谈及对竞争对手的看法时一再重申："在中国，人们总说，马云你太疯狂了。四年前，我用望远镜来寻找竞争对手，但始终看不到对手。人们还会说，你怎么能如此狂妄？我就告诉他们，为什么我要这样不断地寻找竞争对手呢？因为竞争对手无所不在。"在马云看来，商业中最有趣的部分就是竞争，因为他认为只有竞争才会有进步。

挪威人喜欢吃沙丁鱼，尤其是活的，市场上活沙丁鱼的价格要比死的高许多。渔民总是想方设法让沙丁鱼活着回到渔港，可是虽然经过种种努力，绝大部分沙丁鱼还是在中途因窒息而死亡。但是有一条渔船总能让大部分沙丁鱼活着回到渔港。船长严格保守着秘密。直到船长去世，谜底才揭开。原来是船长在装满沙丁鱼的鱼槽里放进了一条以鱼为主要食物的鲶鱼。鲶鱼进入鱼槽后，由于环境陌生，便四处游动。沙丁鱼见了鲶鱼十分紧张，左冲右突，四处躲避，加速游动。这样沙丁鱼缺氧的问题就迎刃而解了，沙丁鱼也就不会死了。这样一来，一条条沙丁鱼欢蹦乱跳地回到了渔港。这就是著名的"鲶鱼效应"。管理学家迈克尔·波特在《竞争战略》一书中，在就如何"寻找好的竞争对手"时对此提出过专门的论述，认为企业与个人都像沙丁鱼一样，需要有一条鲶鱼作为其竞争对手。

娃哈哈与乐百氏一直是一对儿竞争对手。他们相互学习，互有创新，成为中国饮料市场两大领先品牌，并共同把"水"这种平淡的东西做成了大市场，而且他们既竞争又合作，共同关心的市场维护和发展问题，开辟了不定期的高层友好会晤的渠道。结果两家企业都有了很大的发展。

**寻找好的竞争对手，其实是实现战略目标的一种有效手段。自身在并不强大、缺乏实力进行正面竞争时，不妨采取跟进竞争对手，因为作为先行者，它研究在前面开辟了道路。寻找好的竞争对手的原则，应当适用于任何行业。对于个人来说，也需要一个竞争对手，也需要一条"鲶鱼"来激励自己的斗志。**

很多人都知道要树立一个竞争对手，但是有的时候，却错把一些貌似是对手实际上并不是对手的人看成了"假想敌"。实际上，有以下几类人并不是职场中的竞争对手，不应该成为自己的假想敌：

一、小团体成员

在办公室里拉帮结派不是新鲜事，两个山头意见不合闹纠纷，也是"办公室政治"的常见现象，因此你很容易把另一团体成员看做自己的绊脚石。职业心理学家说，公司里小团体最初形成时，很少以利益划分敌友，往往会因兴趣相投、爱好一致产生共鸣走到一起，并认同小团体的立场，从而对另一团体产生敌意。但是另一团体并不是你的假想敌，因为这与利益，与个人能力的提升并不会产生影响，所以最好不要参与小团体，即便参与了，也不要与别的团体对立。

## 二、贪财好利者

办公室里总有这样的人，他把贪心写在脸上，吃回扣、揩油是常有的事，还可能会抢夺本该属于你的功劳。这样的人的确危险，因为他的工作不是为体现价值，也不是为追求梦想，而只看到了利益。这种人也不能成为你的竞争对手，所以你不能降低自己的追求去与之斗争。

## 三、办公室里的"大姐大"

有人认为自己是天生的女强人，喜欢颐指气使，喜欢当"大姐大"，指派任务是常有的事，尤其喜欢指挥男人干活。这样的"男人婆"在工作中往往出人意料地吃香，因为她多半是完美主义者，追求高质量的工作品质，执行力极强。但正因为"大姐大"出色的业绩和张扬态度，一旦你犯错，她会不留情面地奚落你、指责你，让你感觉丢尽颜面，对她产生反感。但是她并不是你的假想敌，因为这种人只是不会婉转表达态度，个性比较强势。心理学家说，在母亲强势或单亲家庭环境中成长起来的女性，会在工作中表现得尖酸刻薄、不近人情，其实她们心眼并不坏。这种人也不能成为你的假想敌，因为她只是想做好自己的工作，而不是与你竞争。

## 四、夸夸其谈的"牛皮大王"

办公室里，最惹眼的无异于那些喜欢夸夸其谈的人。他做得少，说得多，喜欢把芝麻大小的事描绘得天花乱坠。他甚至还是习惯性的说谎者，常在无意识状态下讲出一段根本不属于自己的"亲身经历"。大部分同事都对"牛皮大王"的言谈一笑而过，对于这种人，根本没有必要把他放在眼里，因为他们大都是没有什么能力的人，根本不值得将他放在眼中。

**五、打小报告者**

打小报告的人绝对是最不招人喜欢的人，给上司打小报告、阿谀奉承，折射出他的人品低下。上司也绝对不会重用这种人，而这种人只是依靠打小报告才博得上司的器重，自然也是没有什么本事的人，也根本不值得成为自己的竞争对手。

**马上行动**

人是有惰性的，这是人的天性。但是每一个成功者都是克服了惰性才取得成功的。所以说，想要成功，首先就要克服你的惰性。克服惰性的方法有很多，在职场中，最重要也最有效的一种克服惰性的方法便是寻找竞争对手！有竞争才会有发展，有了竞争对手才能激发你的斗志，所以，马上行动去寻找你的竞争对手吧！但是一定要切记，不要找错了对手。

## 3. 你很嫉妒他？那就超越他

> 与其嫉妒他人，不如用自己实际行动去超越他人。
>
> ——培根

嫉妒是在看到他人的卓越之处以后，与他人比较，发现自己在才能、名誉、地位或境遇等方面不如别人而产生的一种由羡慕、羞愧、愤怒、怨恨、烦恼和痛苦等组成的复杂情绪状态。培根说："嫉妒这恶魔总是在暗地里悄悄地毁掉人间的好东西。有了它，不但不能尽到自己对他人、对社会应尽的责任，而且也玩忽了自己应尽的职守。所以它不仅危害别人，也会危及嫉妒者本人。"

心理学家认为，嫉妒是一种病态心理，不仅反映一个人的思想情操和道德品质，嫉妒也破坏友谊、是友谊的蛀虫。嫉妒会贻害自己的心灵；嫉妒是健康的隐患，严重会造成疾病；嫉妒会损害团结，给他人带来损失和痛苦，甚至会导致道德的堕落。其实每个人都多多少少有些嫉妒心理。嫉妒也未尝不是一件好事，至少能嫉妒他人的人是看到了自己不能他人的地方，看到别人的长处，知道自己有所不足。但是很多人只是嫉妒他人，并没有想着如何去提高自己，甚至有的人因为嫉妒而心生恨意，最终犯下了谋害他人的错误。

沈括是我国历史著名的科学家，他的成就非常巨大，在当时也是有名的大臣，但是他却做过一件卑鄙的事情，那就是背后打小报告。沈括是个相当有才能的人，所以他如果背后给人穿小鞋，对方肯定是一个更有才能的人。这个人就是他的好朋友苏轼。苏轼的文采在当时是第一流的，连皇帝看了他的诗文都赞赏不已。皇上曾经多次在沈括面前赞赏过苏轼，而沈括也是有一定文采的人，皇上却从没夸赞过他，久之，他便心生妒意。有一次，他去杭州看苏轼，问他最后有没有写什么诗文，可以不可拜读一下。苏轼把这几年写的诗文都拿给他看。沈括一边看，一边嫉妒，当天晚上，把苏轼的诗文重新抄录了一遍，把他认为是诽谤朝廷的诗句——用朱笔加注，捕风捉影，上纲上线，然后带回京城，密呈给与苏轼有过节的御史台中丞李定。

此时，朝中新、旧党之间的斗争日趋激烈。新党四处寻隙，正在到处寻找打败旧党的理由，于是他们便决定以指摘苏轼等人的文字之过为突破口，一举将旧党人物从朝中清除。恰在此时，苏轼由杭州改任湖州知州，在给朝廷的谢表中又有"愚不识时，难以追陪新进；老不生事，或能牧养小民"这样几句话，此言一出，又被抓住了把柄，结果被捕下狱。

本来沈括相当有才能，为人也倍受景仰，但是结果却因为嫉妒别人的才华而有了瑕疵，为后人所鄙夷。沈括本身也有苏轼所不能比的才能，但是他却没有看到自己的才能，而只是看到自己不如别人的地方，心生嫉妒，做了错事，让后人不齿。

有一个年轻人对他的朋友产生的嫉妒，因为他的朋友能力比自己强，运气也比自己好，事业一帆风顺，而自己则一无是处。他越想越嫉妒，但是又深深地明白嫉妒别人是不对的，便去看心理医生，问医生自己应该怎样做才对。医生没有说话，而是拿起笔来在纸上画了一条直线，问他如何在最短的时间里使这条直线变短。年轻人说了好几个方法都被心理医生否定了。最后医生在这条线边上画了一条更长的平行直线。然后告诉年轻人，如果你想让别人的线变得更短，最好的方法是使你的线变得更长，长到超越他，这时他的线就会变得很短了。年轻人恍然大悟，自己与其继续嫉妒朋友，不如去努力超越他。结果他通过发奋努力地学习与工作，最终超越了这位朋友。**嫉妒他人是一种正常的心理现象，但是因为嫉妒而做出伤害他人的行为则是愚蠢的，因为这对自己也没有任何好处，聪明的人也会嫉妒他人，但是他们会把嫉妒的时间与精力用在提高自己，超越自己所嫉妒的对象上，他们通过努力，使自己成为自己所嫉妒者的嫉妒对象。**

1896 年湖广总督张之洞六十岁生日，嘉兴才子、进士出身的沈曾植前来祝寿，听到辜鸿铭在那里高谈阔论中西学术制度，沈曾植却一言不答，辜鸿铭甚感奇怪，问他为何不发一言？沈曾植说："你讲的话我都懂；你要听懂我讲的话，还须读二十年中国书！"辜鸿铭对沈曾植的才学也是早有耳闻，对此也是相当嫉妒，但是他却没有像其他一些嫉妒他人的人一样，只是一味在背后诽谤他、忌恨他，而是发愤读书，把张之洞所有的藏书都认真刻苦地读了个遍。两年之后后，辜鸿铭听说沈曾植前来拜会张之洞，立即叫手下将张之洞的藏书搬到客厅，沈曾植问辜鸿铭："搬书作什么？"辜鸿铭说："请教沈公，哪一部书你能背，我不能背？哪一部书你懂，我不懂？"沈曾植也早就听说辜鸿铭在刻苦研读国学，听后大笑说："今后，中国文化的重担就落在你的肩上啦！"辜鸿铭当时也哈哈大笑，二人遂成莫逆之交，不时研讨国学，共同进步。

辜鸿铭是一具相当怪异的人，谁不服他，他都会反驳，但是他却不是一个只会嫉妒他人的人，而是一个力争超越他人的人。他也确实做到了这一点，也因此而不断努力，不断提高自己，最后成为学贯中西的大家。

## 马上行动

每个人都有嫉妒心，不论你正在被嫉妒，还是嫉妒别人，你都可以体会到它的存在。嫉妒是把双刃剑，它可以使我们陷入怨怒的深渊，变得邪恶；它也可以转化为向上的动力，成为自我超越的阶梯。作为一个有所追求的人，你一定要选择第二种，因为你的目的是取得成功，而不是陷入深深的怨恨。

# 4. 不超越你的上司，你就会一直在原地踏步

> 上司固然能够提高你的能力，但是也会阻挡你的前程，当你的上司成为你的绊脚石的时候，不要犹豫，去超越他，去寻找更高的职位。
>
> ——翟鸿燊

2003 年 8 月，张灵茜进入汉阳某大型生产集团担任行政部助理，行政部肖部长对她的培养不遗余力。短短一年时间，她就从一名新人迅速成长为业务上的"多面手"。

今年 10 月，公司总经理助理离职，总经理希望张灵茜能担任此职。面对这个升职机会，张灵茜却犯了难，想到自己是肖部长一手培养出来的，况且行政部现在人手紧缺，业务繁重，自己现在走岂不是对不起肖部长的知遇之恩？最终，张灵茜以难以适应新工作为由，向总经理提出拒绝升任总经理助理。总经理冷冷看了她一眼，说："肖部长还向我极力举荐你，没想到你这么不思进取的！"张灵茜尴尬不堪，没想到事情竟是这样。

原在汉口某培训机构市场部任助理的刘梓琪，跳槽到另一家培训公司担任市场部副经理。不料，他到任后接手的第一项任务，就是要和原公司竞争一个项目的代理权，而且此项目负责人是他原来的上司张乾。刘梓琪在原公司时，张乾对他提携有加，刘梓琪视张乾为恩师，当初跳槽，他就心有愧意。如今两人竞争，若自己胜出，

岂不让张乾很难堪？考虑到此，刘梓琪向老总提出更换项目负责人。但是张乾在得知此事后，及时开导刘梓琪说："公平的市场竞争，不应被私人感情左右。无论竞争结果如何，我们仍是朋友。"刘梓琪这才打消顾虑，决定放手工作。

**据职场专家说，他们普遍认为职场需要忠诚，也需要超越和创新。员工超越上司，谋求发展，并非忘恩负义，而报恩也不一定要以牺牲自我发展机会为代价，优秀的上司都明白这个道理。所以说，超越你的上司是一种正确的做法，千万不要因为不敢或者不愿意超越上司而错失升职的良机。**

其实如果遇到以上的几种上司，只要能够转变观念就可以成功升职，最令人无奈的是上司本身就不愿意你超越他。如果遇到这种上司，应该如何对待呢？著名职场畅销书《潜伏在办公室》的作者陆琪是这样给大家支招的：

在最终突破囚笼，超越上司之前，你还有一件事情要做，这件事情比任何事情都重要，如果能做好，则一切顺理成章，你可以取而代之，如果做不好，即使你超越了上司，也迟早会被打回原形。这件事情就是要掌握上司的资源，取代上司的工作。但这件事情并不容易做，可以说，它是阻碍你成功的最大难关。

一、狭隘型上司不会让你碰重要工作。

狭隘型上司的特点是就小气，害怕被取代，所以他们会想尽办法巩固自己的地位，而最重要的方法就是抓住核心资源。也就是说，所有部门内重要的、与核心业务有关的东西，上司会一手抓住，完全不让别人碰到；其他不重要的，乃至于繁琐的事情，会让下属去做。

这就会导致在整个部门里，其他人都做次要工作，出不出成绩都没法引起公司重视，而上司自己却做主要工作，只要有一点成绩，就可以获得好处。这种模式，在职场里非常多见。许多新人刚进职场，总是觉得自己人际关系不好，或者没有背景靠山，所以才不能干重要的活。

其实不然。这是上司品性所造成的，性格决定命运这句话，并不完全说决定自己的命运，上司的性格有时也能决定你的命运。狭隘型上司把紧要资源、核心工作圈在自己身边，即使做不好也不分出来，这是符合上司自身利益的。

因为工作做好了，只是公司受益，上司自身反而受到挑战，利益受损；现在不让下属干活，虽然工作无法完成，但至少他自己是安全了。许多人就是遇到这个问题，所以一蹶不振，从此放弃升职的念头，在单位里瞎混日子。在他们看来，遇到这种上司是命不好，自己完全没盼头。但这想法也是错的，这个世界上任何事情都有解决之道，有锁就有钥匙。

二、工作能力是唯一解锁的钥匙。

如果狭隘型上司不允许你做重要工作，这是一把锁的话，那么你的工作能力就是唯一解锁的钥匙。为什么我说狭隘型上司不可怕，因为他们通常有一个重大的缺点，就是本身工作能力不够。而身为一个部门或者团队的领导，就注定了需要他们完成某些工作，如果事情做不成，那么，不管是什么类型的上司，都有倒台的危险。这就产生了一个问题，狭隘型上司想要保住自己的位子，就必须要做出相应的成绩，如果一味裹足不前，他也是没办法生存的。

所以，纵然很不情愿，狭隘型上司依旧要分点重要工作出来，让有能力的下属帮他解决。

这就是机会了。因为你既获得信任，又有足够的工作能力，狭隘型上司会对你越来越信任，乃至于依赖，从那时起，你就会成为部门里最重要的人，就连上司也要惮你几分。这一步非常重要，因为它是未来扳倒狭隘型上司的必然要素。你必须要获得重要工作，抢占资源，造成取代上司工作能力的既成事实。然后继续潜伏，等

143

待最后一刻的到来。

三、越不让你做的，越是重要。

狭隘型上司会有很多禁忌，给下属制定一系列的规则。很多人因为害怕上司，所以不敢越雷池一步。而实际上，狭隘型上司越不让你做的事情，就越重要，越要去做。可以分析一下深层原因，上司为什么会不让你们做某些事情？为什么他们会这么变态，制定出一系列不合情理的规定？狭隘型上司是最怕下属进步，最怕手下人超越自己的，所以他们制定禁忌规则的原因很简单，就是要限制手下，不让手下获得资源。所以，上司会把至关紧要的东西隐藏起来，不让下属触碰，也不让下属去做可以立功、可以有机会晋升的事情。

一言以蔽之，狭隘型上司把好的事情，有利的事情都划入保护圈，不让下属去做。这就形成了一个有趣的实例，凡是上司让你去做的，都是没什么油水、很可能背黑锅、作死做活没好处的工作；上司不允许你去做的，才是真正的核心工作，是真正能让你得利的事情。

所以，要明确一个观点，狭隘型上司是个典型反例。他说什么是好的，事实就是坏的；他说什么是坏的，事实也许是好的。要坚信这一点，不要天真，不要抱有侥幸心理，所以在工作里，你必须有两面。表面上你是上司的人，事事受他的控制，完全做他的提线木偶，要你做好什么，你就得做好什么；另一面，你则是自己的人，必须有清楚的认识，什么对自己有好处，什么是空浪费精力。你必须偷偷的去做上司不允许的事情，在这方面投入的精力，甚至应该超过正常工作时间。但值得注意的是，你私底下做的事情，绝不能让上司知道，这是你潜伏在职场的秘密，不能对任何人透露。任何风吹草动，都能令狭隘型上司感觉到威胁，随时会把你扼杀在萌芽状态中。

总之，在职场中奋斗的人没有一个不想取得更好的成绩的，但是有时候上司却成为你职场路上的绊脚石，这时你就需要摆正你的心态，超越你的上司，去追求更高的职位，去夺得更大的成就。

 马上行动

上司对自己也许有恩，但是并不能因为其对自己有恩就不敢超越他，如果这样自己的事业将停滞不前。好的上司其实更愿意看到自己教出来的员工能够担任更重要的职位，这也是对他的肯定，所以你要转变态度，大胆地去超越你的上司，去抓住升职的机会。有些上司是"狭隘型"上司，总怕自己的下属超越自己，而对下属大力防范，对于这种上司更应该超越他，不然你将永远在他的压迫下抬不起头来。所以，无论如何，只要你觉得上司已经阻碍了你的道路，那么就去超越他吧！

## 5. "谁"是你职场路上的绊脚石，是时候将其一脚踢开了

> 宽容与忍让是有限度的，如果一个人阻挡了你前进的路，那么就不必再对他宽容忍让了，此时你唯一要做的就是将其一脚踢开。
>
> ——能村龙太郎

雍正皇帝，即康熙第四子胤禛在即位之前并不是康熙众多子嗣

中最有能力的人，他一直很低调地做着一些繁重但是又不是很显眼的工作。康熙对他也不是特别喜爱，而且在各皇子中的地位也不是很高，至少与康熙第八子胤禩是不能比的。胤禩无论在朝廷内外都有极高的影响，很多人都认为他将来必是康熙的继位者，他也以此自居。但是没想到康熙死后遗诏由四子胤禛继位。胤禩对此相当不满，便纠集党羽在朝中与雍正对着干。因为八王的势力非常大，所以雍正经常被其掣肘，很多朝政都是因为他的从中阻挠而无法处理。雍正对此十分不满，但是却一直拿他没办法。

雍正一直想除掉他，但是也知道直接除掉他有困难，也只好先拔其羽翼，把依附于他的其他亲王以及大臣一个个地除掉。到雍正二年，八王的势力被剪除了大部分。他便开始向八王本人开刀，在几年的时间内把他革职夺爵，雍正四年将其囚禁于宗人府，势力全部铲除。胤禩虽然是雍正的亲兄弟，但是他却一直跟雍正作对，对雍正的事业形成了阻挠，可以说他是雍正成功路上的绊脚石，所以最终被雍正踢掉了。

成功其实也可以说是一条充满血腥的道路。虽然并不是说像这种宫廷斗争一样激烈到拼杀出个你死我活的地步，但也却是非常残酷的。当有人阻挡了你前进的道路上，你应该怎么做？有的人是退让，有的人是拼杀。一般来说，每个人都想不与人争斗，但是有的时候，如果你不去争斗，你就不能取得成功，因为他的存在阻挡了你的道路，阻止你走向成功。所以，如果有人是你职场路上的绊脚石，等时机成熟了，就别再犹豫，一脚把他踢开！

职场专家认为，在职场中奋斗的人一定不要太软弱，当有人阻挡了你前进的道路时，一定要敢于抗争，在必要的时候不妨一脚将其踢开，为自己的前途扫清道路。很多在职场中打拼了许多年的人都能够解决这一问题，都能够将这种明显的绊脚石踢开，但是有些

**绊脚石却是很难踢开的，这些绊脚石不是来自外界，恰恰是来自人的内心。** 心理学家认为如果一个人不能克服以下七种心理，那么，这七种心理现象将会成为成功路上最大的绊脚石：

一、自卑心理。有些人容易产生自卑感，甚至自己瞧不起自己，缺乏自信，办事无胆量，畏首畏尾，随声附和，没有自己的主见。这种心理如不克服，会磨损人的独特个性。

二、怯懦心理。主要见于涉世不深、阅历较浅、性格内向、不善言辞的人，由于怯懦，在社交中即使自己认为正确的事，经过深思熟虑之后，却不敢表达出来。这种心理别人也能观察出来，结果对自己产生看法，不愿同自己成为好朋友。

三、猜疑心理。有些人在社交中或是托朋友办事，往往爱用不信任的目光审视对方，无端猜疑，捕风捉影，说三道四，如有些人托朋友办事，却又向其他人打听朋友办事时说了些什么，结果影响了朋友之间的关系。

四、逆反心理。有些人总爱与别人抬杠，以说明自己标新立异，对任何一件事情，不管是非曲直，你说好，我就认为坏；你说对，我就说它错，使别人对自己产生反感。

五、作戏心理。有的人把交朋友当成逢场作戏，朝秦暮楚，见异思迁，处处应付，爱吹牛，爱说漂亮话，与某人见过一面，就会说与某人交往有多深。这种人与人交往只是做表面文章，因而没有感情深厚的朋友。

六、贪财心理。有的人认为交朋友的目的就是为了"互相利用"，见到对自己有用、能给自己带来好处的朋友才交往，而且常是"过河拆桥"。这种贪图财利，沾别人光的不良心理，会使自己的人格受到损害。

七、冷漠心理。有些人对各种事情只要与己无关，就冷漠看待，不闻不问，或者错误地认为言语尖刻、态度孤傲，就是"有个性"，致使别人不敢接近自己，从而失去了不少朋友。

俗话说，人最大的敌人不是别人，而是自己；人最难战胜的不是对手，而是自己的缺点。这些缺点，这七种心理现象也是一个人成功路上的绊脚石。如果你不能克服这七种或者其中的某种心理状态，那么你将难以战胜自己。如果连自己都战胜不了，那么又如何战胜你的对手，踢开阻碍你起步的他人，又更何谈取得事业的成功呢！

马上行动

成功之路不会一帆风顺，曲折在所难免，有些曲折是现实所迫，有些曲折则是人为的，也就是说有些人会故意阻挡你的成功之路，成为你成功之路上的绊脚石。这些人必须要除去，否则你很难取得成功。战胜他人其实并不是最难的，最难的是战胜自己，也就是说除掉自己心中阻碍自己成功的绊脚石才是最难的，但这又是必须的！

职场中奋斗久了一定会遇到一些难题。有些人能够迅速地解决难题，度过难关，但是有些人则不能解决难题，没能度过难关，结果导致了失败。大部分难题都是突如其来的，很多人之所以没能解决，不是没有能力，而是没有事先的准备。所以，为防止遭遇这种情况起见，不妨为自己设计一些可能会遇到的难题，试着去寻找解决的方案，这样就会在真正遭遇难题的时候，临危不乱，妥善地解决它。

# 为自己设计一些难题，
## 好的事情也要做最坏的打算

# 第七章

# 1. 决策失误击倒了"巨人"，你要吸取教训

> 世界上每 100 家破产倒闭的大企业中，85％是因为企业
> 管理者的决策不慎造成的。
>
> ——赫伯特·亚历山大·西蒙

史玉柱是中国商界的传奇人物，他用了仅仅三年的时间内便建造一个市值 1 亿多的商业帝国——巨人集团。但是在积累了巨额财富之后，史玉柱开始飘飘然了，据联想集团的总裁柳传志说，当时的他是"意气风发，向我们请教，无非是表示一种谦虚的态度，所以没有必要和他多讲。而且他还很浮躁，我觉得他迟早会出大娄子。"

史玉柱原来他想建一座 18 层楼的巨人大厦，但是后来头脑发热，决定将楼拔高到 70 层。这座大厦涉及资金 12 亿，从 1994 年 2 月动工到 1996 年 7 月，史玉柱竟未申请银行贷款，全凭自有资金和卖楼花的钱支持，而自有资金就是巨人的生物工程和电脑软件产业。但是以巨人目前在保健品和电脑软件方面的产业实力根本不足以支撑住 70 层的巨人大厦的建设，当史玉柱把生产和广告促销的资金全部投入到大厦时，巨人大厦便抽干了巨人产业的血。就是这一决策失误导致了史玉柱的失败，巨人虽然没有申请破产，但是也与破产无异。虽然商业天才史玉柱又在短短的时间内凭借脑白金东山再起，把欠款全部偿清，并且取得了比以前更大的成就，但是这次失败却

是他心中永远的痛。

"巨人集团"的这次失败完全是因为史玉柱的决策失误造成的。事实上很多企业就是因为决策失误而导致失败的。一些国际知名企业也曾遭遇过决策失误的现象。

任何企业，就连世界知名企业在其成长发展过程中绝不可能一帆风顺，都不可避免地存在着失策的教训。前车之覆，后车之鉴。因失误而造成的失败，是金钱买不到的经验。吸取别人的教训往往有助于我们减少失误，避免失败，少走弯路。

在上世纪 80 年代中期，可口可乐做了一次大规模口味测试。当时，它是全球最受欢迎的软性饮料，市场占有率遥遥领先于其他同类产品。根据测试结果，可口可乐在 1985 年抛弃旧配方，采用新配方。公司董事长戈伊苏埃塔充满自信，称这项决定为"有史以来最容易作出的决定之一"。但后来的事实表明，这是一个极大失策，给可口可乐造成了巨大的经济损失。对品味的研究并不能反映出品牌的力量，可口可乐公司忘记了他们的新配方实际上是在排挤自己目前的产品。后来公司花费 10 多年时间与巨额广告费，才逐渐恢复元气。

美国新泽西州制造引爆器的布得力公司发明了一种撞击后瞬间膨胀的安全气囊，可装置在汽车方向盘上，以保护汽车驾驶人。当他们向美国通用推销这种产品时，却因为不是生产汽车零件的同行而遭拒绝。后来，日本丰田买下了布得力公司安全气囊的生产技术，每个安全气囊的制造成本只有 50 美元。而当时对这项技术嗤之以鼻的美国三大汽车厂通用、福特、克莱斯勒，后来所采用的安全气囊，最低成本都在 500 到 600 美元之间。

IBM 公司 1981 年进入个人电脑市场时，本应开始为这个分散的市场设定严格的技术标准，但 IBM 公司忽视了这个长远发展的关键问题，只考虑眼前的销售利润，最终，控制这项标准的公司获得了巨额的垄断利润。这家公司自然不是 IBM，而是开发及拥有个人电脑操作系统的微软公司。IBM 未能把握关键的发展机会，这很可能是美国公司有史以来犯下的代价最大的错误。

由此可见，知名企业也会遭遇决策失误的问题，而且**决策失误往往会对企业造成巨大的损伤，对于某些企业来说甚至会使其破产倒闭。所以当出现企业决定失误现象时，一定要认真对待，千万不可掉以轻心。**那么作为企业的所有者以及企业的高级管理者应当如何应对企业决策失误呢？

一、民主决策：广泛征求员工的意见，集体讨论，能够在一定程度减少决策失误。

能够对企业产生巨大影响的决策必然是由高层管理者做出的。失误当然是由高层管理者所造成的，但是通常来说高层决策者人数并不是很多，所以往往会出现"独断专行"，没有考虑全面，结果导致了决策出现失误。而如果能够在重大事件的决策之前广泛征求一些其他员工，甚至是普通员工的意见，参考众人的意见后，也许就不会再出现决策失误的现象，或者至少也能够在一定程度上减少决策的失误。

二、专家决策：找专业技术人员、管理专家出主意、想办法，也可以减少决策失误。

很多时候，有一些技术类的工作决策也会引起失误，造成巨大的损失。对于高层管理者来说，大都并不是企业核心技术人员，对专业技术的了解有时并不能作为其做出决策的基础，所以说，在遇到技术层面的决策时，要找专家来进行分析指导，然后再进行计划决策，这样也可以减少决策的失误。

马上行动

　　决策失误当然是不好的，会失去很多利益，甚至可能会导致公司的倒闭破产。所以，作为一个企业管理者在进行重大决定时，一定要多方求证，多参考他人的意见，这样就会得出更好的结论，做出更好的决策，将决策造成的失误降到最低。

## 2. 集体跳槽会引发局面失控，应该未雨绸缪，防患于未然

> 集体跳槽已经成为企业管理的最致命伤害，不仅严重影响公司的生产经营和日常管理，更严重地破坏了公司的形象和商誉，造成的损害短时间很难弥补。
>
> ——占部都美

　　2003 年初，北京和君创业咨询有限公司总裁何劲松离开国泰君安收购兼并总部副总经理的位置，并且率领一帮骨干，进入了和君创业。而不到三年的时间，他又带领原班人马跳槽至德邦证券，给和君创业造成了极大的创伤，引起业内轰动。2005 年 6 月，咨询业颇有名望的东方高圣员工人数从 70 人缩至 50 人，减幅近 30%。据称，从去年下半年开始，东方高圣陷入现金流危机，员工薪酬大幅减少，由此引发了大批员工的集体跳槽，如何继续生存，成了东方

高圣亟待解决的问题。

几年前，方正集团助理总裁周险峰率众加盟海信数码，除了周险峰以外，方正科技产品中心总经理吴京伟，销售平台副总经理吴松林，产品总监以及 PC 部门的一些基层管理人员和技术人员也一起投奔海信，给方正造成了极大的损失。陆强华离开创维，带着一群人去独自创业；"小霸王"段永平带领自己手下的员工出走创造出一个"步步高"公司。几年以后，一个新崛起的品牌"步步高"迈入中国电器行业排头兵之列。中智上海外企服务公司对 5000 位去年至少跳过一次槽的外企员工进行的调查中发现，有四成属于集体跳槽。

据调查研究，一般来说，新兴的行业因为人才短缺，容易出现集体跳槽的现象。此外还有三种人群属于集体跳槽的"高危人群"：

一是市场销售人员。销售业绩的创造依赖出色的领队者和一支优秀的销售队伍，当领队人要跳槽要再创辉煌时，需要过去那个早已默契合作无间的团队给予支持。而新公司也明白，短期内的效益提高，一个人是不够的，得依靠一个团队———光杆司令是不可能在短期内创造成绩的。

二是知名公司的高层管理者。一些中小型的成长企业，业务发展迅速，但管理滞后，特别渴望优秀的管理人才。那些知名公司的高层就成为他们的目标。但个人作用不大，且在新环境中未必适应，那么让他带上几名得力干将，先创造小环境过渡，对双方都有利，所以这种人一定要注意。

三是技术研发人员。他们掌握了具有竞争力的核心技术，很多时候成为企业决胜的关键，也成为争夺对象。尤其是对于一些新兴的行业来说，技术人员更是重要得很，所以就很容易跳槽。而技术人员一般不可能单枪匹马地战斗，所以集体跳槽，同进同出就会成为他们的选择。

一般来说，这三种人属于企业的核心人才，只要出现一种跳槽的就会对公司造成巨大的创伤，所以当集体跳槽发生时，人力资源管理者一定要采取有效地措施加以制止。**通常跳槽者必然得到新公司更高的薪水、职位等条件的允诺；而原公司不可能据此立刻就增加他的薪水、提升职位等来挽留他，所以就会出现跳槽的现象。**那么应该如何避免集体跳槽的现象呢？

职场专家认为作为一名领导者应该从以下几个方面去做：

首先应该建立健康的企业文化，保持企业内部沟通的顺畅，管理者领导作风优良，整个企业的氛围就能积极向上，不断满足员工的要求。例如，定期的薪酬调查，确保公司的薪水在市场上具备一定的优势，创造良好的工作环境等等，这些都增加了员工的跳槽成本。还要多关注团队建设，并小心防范拉帮结派的出现。

其次，增加骨干人员跳槽的法律障碍。"集体跳槽"的发生很大程度上都是有一个带头人，无论是个人魅力也好，鼓动劝说也好，如果可以限制带头人的跳槽，"集体跳槽"就能避免，所以与骨干人员签订竞业协定及规定服务年限，适当地提高骨干员工的待遇等等。对关键人才采取一些特殊的激励机制，将他的个人利益与企业利益捆绑起来，容易协调个人与集体的关系，使个人、团队、整个组织利益、目标一致。

再次，企业提高对人才的重视程度。不重视人才的老板认为缺了谁企业都一样地运转，但是当集体跳槽出现时，再开始重视人才已经晚了，对企业所带来的伤害也就没法挽回了；反过来也一样，当企业重视了人才，职业经理人觉得在某家企业受到重视，他们选择跳槽的可能性就会大大降低。

最后，建立健全的人力资源管理系统。也许集体跳槽的悲剧会不可避免的发生，这时候如果企业有良好的应对体系的话，也可以将损失降到最低。这就要求企业建立起完善的人力资源管理体系，人力资源培养体系，在平时能够注意培养一些有潜力的人才，并对其委以重任，这样在集体跳槽现象出现时，也能够迅速地弥补人才力空缺的漏洞，将集体跳槽对企业造成的伤害降到最低。

 马上行动

　　集体跳槽会对企业造成重伤，而有时候这又是不可避免的，所以聪明的领导应该防患于未然，时时注意员工的情绪与满意度，尤其是对一些关键的员工，一定要多采取各种措施，将其留住。同时也要双管齐下，注意培养潜力员工，当集体跳槽当真发生时，也可以及时补上，将损失降到最小。

## 3. 找个可靠的二把手，你不在的时候替你做事，而不是把你架空

　　　　千方百计请一个高招的专家医生，还不如请一个可信任的随叫随到的普通医生。

　　　　　　　　　　　　　　　　——詹姆斯·柯林斯

　　俄罗斯前总统叶利钦在自传中如此描述普京："1994年秋以前，我同普京没见过面，但是我听说，索布恰克有一个可靠的副手，此人总是迟到。记得有一次我同切尔诺梅尔金和索布恰克三人谈话，切尔诺梅尔金突然火了，他冲着索布恰克说：'多利亚，斯莫尔尼宫（圣彼得堡市政府所在地）里怎么一点规矩都没有？我在那儿召集一些人开会，我问：'今年市外贸总额多少？'回答：'不知道。''那么

谁知道？'回答说：'第一副市长普京知道。''他现在哪儿？''您别着急，他耽搁一会儿，但是肯定会来的。'果然，一刻钟过后，冲进一个人来，'对政府总理怎么一点儿也不尊重？！'但索布恰克说：'对不起，您错了！的确，普京不太守时，但是此人非常可靠。您自己也清楚，现在找个真正忠诚的人有多么难。'我因此记住了这个年轻人——普京。"不久之后，他把普京调到自己手下任职，普京十分可靠，替他处理了很多政务，尤其是当他出访的时候，很多重要的事情都是由普京来处理的，叶利钦对他的工作十分满意，后来让他当了代总理，再后来普京顺利执掌了俄罗斯的政权。

作为企业主或者最高管理者并不能事事亲为，更何况有些时候，企业主或者最高管理者需要参加行业聚会，与其他公司进行接洽等等，都需要自己亲自去做。而如果你离开自己的公司则需要一个人能够在公司中替你进行管理，免得"后院起火"。有一家公司的总裁奉董事会之命去参加为期半个月的行业聚会。会议开得很顺利，他还在会上为公司做了有利的宣传，引起了几家大公司的注意。十分高兴地回到了公司，但是却发现公司下属对自己的态度有变，人人避之唯恐不及。接着就被董事会叫去开会，等他汇报完行业交流成果之后，董事会接着告诉他，他已经被辞退了。惊讶不已的他发现新任总裁便是他以前的副手。一个跟他关系很好的员工偷偷告诉他，原来就是副手一手策划了把他架空的手段。没想到自己才走开半个月就被自己的手下搞掉了。由此可见，培养一个可靠的助手是多么地重要。

大部分企业领导者在培养得力的亲信与助手时，喜欢在同乡、同学、同门、同宗或者以前的老同事中选择。但是有的时候，很多人正是死在了同乡与同学等等"同"字辈的人的手中。爱多 DVD 的创始人胡志标在创业时选择的合伙人就是他的儿时的玩伴陈天南，可是在爱多遭遇危机时，给他致命一击的就是陈天南。所以，**如果**

**要选择亲信，非要认一个"同"字，那么应该以"同心同德"为首要条件。而"同心同德"则是在工作中自然培养而成的。**领导者要培养靠得住的亲信必须遵守以下的三个原则：

1. 坚决贯彻"所爱者，有罪必罚"

总经理平日和亲信在州起，要把握自己的主张。在向他们解释自己的见解时，态度要诚恳，语气要婉转，要充分向他们说明，同他们讨论，使他们了解自己的意图。在与亲信相处中，要正告他们自己不会姑息纵容他们，表达自己信赏必罚的决心。

2. 工作中坚决严守"上下分寸"

无论是对国营还是对私营公司来说，上下之间总有尊卑之分，有命令或服从的关系。总经理一定要与亲信把握好这个度，不可越此一步。亲信倘若不能安守本分，就会滥用职权，收买民心。到了目无法纪的地步，再来挽救，往往已经太迟了。

3. 以心换心，真诚相待

总经理对亲信应该以诚相待，真心相通。总经理和亲信之间的关系应该是自愿的，丝毫不能勉强。论语说："君子和而不同。"总经理和亲信要"和"却未必皆"同"。"和"是指"真情"，而"同"则是"利害"。总经理拿"真心"换亲信的"真心"，那么亲信也将会与总经理同心同德，不会心怀杂念，不会做逾越本分的事情。

## 马上行动

亲信能够在你不能亲自管理公司时替你打理好一切事情，能够帮你把公司的权力牢牢把握住，但是亲信必须可靠才行。真正可靠的亲信是需要你自己来培养的。培养亲信需要有一定的眼光，先找准有能力又忠厚的，然后对进进行"同心同德"的培养。

# 4. 一旦出现合伙人撤资的情况，是否能招架得住

> 　　选择企业合伙人是非常重要的，好的企业合伙人能够在大难来时，同心协力，共同谋求度过难关，而有的合伙人则会在大难来时选择撤资，所以一定要选择合适的合伙人。但是如果选择不当，出现合伙撤资的情况时，也不要惊慌，尽量去寻找一切可行的办法，解决因此而出现的问题。
>
> ——龙晋霆

　　2000 年，小超人李泽楷的合作伙伴是台湾辜氏家族在 9 月 8 日宣布退出与李泽楷的网络带宽合作计划。李泽楷一直在鼓吹自己的盈动公司是"亚洲最受欢迎的网络公司"，但是没想到却突然遭到合作人的撤资。雪上加霜的是，李泽楷还受到来自另一个方面的压力，美国的互联网孵化器 CMGI 也宣布从盈动撤出原计划投入的 15 亿美元的资金，结果在 9 月 18 日盈动的股票下跌了 35％，跌至 10．50 港元，几乎从其 2 月份时的股价下跌了 1/3。辜氏资金的撤出，对李泽楷极力推销的宽带网世界之网 NOW 的内容服务也增加了困难，使盈动公司的形象大跌，造成了极大的创伤。

　　香港明星陈冠希经营了一个高档新潮服装店"Juice"，该店主打 CLOT 街头服系列，限量品往往能极速售罄，经营状况非常好，但是在不雅照曝光之后，该店的合伙人、他的好友叶育维正式宣布退股，并要求"Juice"重开前清数，将 CLOT 的 200 万流动资金算清。据了解，作为 CLOT 大股东，叶育维占八成股份，在他宣布退股后，

香港、上海的店铺生意都相当冷清，几乎要关门了。

与人合伙做生意，最可怕的并不是遇到利润分配的不均引起，如果遇到利润分配不均，还可以重新进行分配，或者自己主动退让，以免伤了和气，使以后的工作无法再继续下去。合伙做生意最可怕的是遇到合伙人撤资的情况。合伙人撤资大多不是因为利润分配不均造成的。因为如果能赚到钱，即便合伙人感觉不公平，也不会撤资的。而如果亏本，或者合伙人认为这一投资项目没有发展前途，那么合伙人就会因此而提出撤资。合伙人撤资对自己的影响是巨大的，很多资金不是很充足的公司可能会因为遭遇合伙人的撤资而导致无法经营，只得宣布公司关闭。

**合伙人撤资导致出现的资金问题是公司在发展和通向成功的道路上会遇到的特别具有威胁性的财务问题。这些问题如果解决不了，企业可能会陷入困境，甚至导致失败破产。**财务专家认为，当公司出现合伙人撤资引发的问题时，应该从以下几项措施来进行补救：

1. 从过期账款开刀，收回应收账款。一个正在与现金流量问题作斗争的公司不能怜悯那些拖欠货款的客户，对过期账户应该穷追不舍，过期账款理应收回。不必担心会冒犯拖欠货款的客户，毕竟是他先不遵守你所注明的付款条件而侵犯了你和你的利益。解决现金流量问题乃是当务之急，如果一次不讲情面的收款行动即能解决公司正在面临的现金流量问题，那么即使今后会失去这些客户也应在所不惜。

2. 有时候你会发现，向愿意立即付款的客户提供适量的折扣也会奏效。提供这类折扣甚至还会刺激那些长期滥用你信用宽容的客户迅速付款。当然，你也应该向那些遵守信用的客户提供相同的折扣。一个通常在 30 天内付款的客户很可能会为得到一笔较大的折扣而愿意在 20 天内付款。请记住，马上就收到能维持生存所必需的现金要比收回全部款项更重要。

3. 处理存货。几乎每家公司都会因疏忽或过度购买而堆积起过量的储备。对面临现金流量问题的公司，那些多余的存货往往就可成为一种即时的现金来源。

4. 出售非必需的资产。应该去看看：闲置的设备是否正在积满灰尘？有人愿意以现金购买就马上卖掉它。另外，你可考虑解雇一二位雇员，以便削减开支，保存现金。

5. 贷款。一是通过银行；再有是通过朋友关系，向私人贷款，如果是比较亲密的关系（如同学），利率可能比银行更低。

6. 寻找合作者。当然，精明的投资者一般也期望拥有大量的产权以便能在管理上拥有发言权。出让产权以及与另一种管理主张发生争执确实不会令人愉快，但是，一个正在挣扎中的公司必须在以上选择与失败可能之间进行权衡。

7. 将私人资产作为抵押以借入所需的现金，但是，在做出如此极端的决定以前，应该多加斟酌并谨慎从事；如果前景依然很不明朗，那么保存私人资产将是明智的。

能否解决因合伙人撤资而引发的财务问题是很重要的，当遇到这种问题时不要惊慌，更不要采取非常极端的行为。要尽量使自己冷静下来，保持理智的头脑，按照上述各项逐条分析，找出最优的解决方案。

🖊 马上**行**动

合伙人撤资其实是一种常见的事情，但却是一件能令公司陷入困境的事情，所以一定要严加防范。但是如果不幸遭遇了合伙人撤资的问题，也不要惊慌，冷静地思考一下，按照上面的方法，总会找到解决资金问题的方法的。

## 5. 谋事在人，成事在天，必须要相信"运气"这回事

> 创业成功的人不要太招摇，要谦虚，运气很重要。要知道有很多一样有本事的人，运气不好，所以没有成功。
>
> ——邵亦波

美国密执安大学教授卡尔·韦克描述过一个绝妙的实验：把六只蜜蜂和同样多只的苍蝇装进一个玻璃瓶中，然后将瓶子平放，让瓶底朝着窗户。你会看到，蜜蜂不停地想在瓶底上找到出口，一直到它们力竭倒毙或饿死，而苍蝇则会在不到两分钟之内，穿过另一端的瓶颈逃逸一空。事实上，正是由于蜜蜂对光亮的喜爱，由于它们的智力，蜜蜂才灭亡了。蜜蜂以为出口必然在光线最明亮的地方。它们不停地重复着这种似乎正确的行动，但是却最终没有找到出口；而苍蝇则全然不顾亮光的吸引，四下乱飞，结果误打误撞地碰上了好运气，在智者消亡的地方顺利得救。

韦克总结道："这件事说明，实验、坚持不懈、试错、冒险、即兴发挥、最佳途径、迂回前进和随机应变，所有这些都有助于应付变化。"也就是说，成功固然靠自己的不断努力，但是也要靠一定的运气，所以一定要相信运气的存在，并重视运气的重要性。

易趣网络信息服务（上海）有限公司创始人邵亦波认为运气在创业阶段非常重要。他讲述了运气在他创业过程中起的作用。易趣

在 2000 年的时候资金十分缺乏，急需要融资，但是他当时根本不知道融资必须要提前，几乎出现周转不灵的现象。但是他的运气相当好，在 2000 年 3 月时，互联网泡沫达到最高峰，纳斯达克在 5000 点左右，易趣当时差不多已经是中国最大的 C2C 电子商务网站，所以引起了很多人的兴趣。

一家法国投资公司打算投资易趣，开口便许诺投资 2 亿多美元，然而到 7 月时，他在《华尔街日报》上读到这家投资公司取消了上市计划。他觉得这家公司有可能会不再投资，就事先仔细准备了一通说辞，希望能够得到准确消息时说服他们继续投资。果然，一天之后，这家投资公司的人告诉他取消投资。邵亦波立刻开始按照拟好的说辞与之沟通，先告诉他已经拒绝了其他的投资者，现在如果要我重新开始和别人谈的话，恐怕来不及，公司的生存会有问题。接着他给出了一个可行的建议，问他能不能出 500 万美元，然后自己去凑剩下的 1500 万美元，而且他并没有当场要求对方答应，因为他本来就只是等他说"我回去考虑一下，回头给你答复"，目的就达到了。得到考虑一下的回复之后，邵亦波马上就拼命发动所有的关系，通过一个朋友找到了这家投资公司母公司的大老板，最后拿到了这 500 万美元，加上已有的投资者和其他的新投资者，凑足了2000 万美元。

邵亦波说，现在回想起来，没有运气是万万不行的。如果没有看到报纸的报道，自己没有事先做好准备，那么很有可能就得不到投资，公司极有可能就会垮掉。当然，他也没有只靠运气，正如他自己所说："只依靠运气也是万万不够的。看了报道，没有去详细思考策略，没有做充分的准备，易趣也可能没有几年前的成功。"

他告诫创业者要做到以下两点：

一、创业成功的人不要过于招摇，要谦虚，运气很重要。要知道有很多一样有本事的人，他们没能取得到那里是因为比你的能力差，也不是因为不如你工作努力，而只是因为运气不好，所以没有抓住机会，就没有取得成功。

二、现在还没有成功的人，不要气馁，也不要怪运气不好，最重要的是，抓住运气给予的每一个机遇。运气是无处不在的，只要你努力去寻找，就一定能够找得到。世界上只有20%的人能够取得成功，而这些也都经历过失败，但是从不气馁，最终取得了成功。

三、投资者要谦虚，不要在董事会上指手画脚，觉得自己很聪明。同样的公司，同样的模式，好的创业者抓住命运每天给的大大小小的机会，就会成功；不好的创业者，抓不住这些机会，就会失败。投资者不在公司工作，根本看不到这些机遇，更不要说指导创业者去抓住它们了。

总之，**虽然很多人都认为谋事在人，但是也没有反对成事在天。谋事是指你努力工作，抓住机会去做到最好，但是这里有一个前提，那就是你有没有机会。而机会往往不是创造出来的，而是等待来的，是寻找到的。** 在你等待时机，寻找机会时，运气就显得十分重要。有的人很容易就遇到成功的运气，而有的人则要等待更久的时间，甚至有的人一辈子都没有遇到。所以说，成功固然要靠人谋，但是也要靠天给的运气。

## 马上行动

人们常说，机会只青睐那些有准备的人。反过来也说明，机会并不是对人人都公平的。一旦不公平出现，就需要运气。有运气的人才是机会青睐的人，有运气的人才是能够抓住机会取得成功的人。所以，每个人都要不断地努力，但是同时也要记住一点，成功是需要运气的。要不断地寻找机会，让自己也能够"时来运转"，获得成功。

学无止境，现在是一个信息更新十分快的时代，你所拥有的知识在运用之前就已经有部分被淘汰，所以更要不断地加强学习。但是学习并不是漫无目的的，而是要从自身所需出发，要本着实用主义去为自己量身设计一些能够提高自己个人知识与能力的课程，使自己能够通过学习跟上时代的步伐，能够使自己越来越接近设计好的成功目标。

本着实用主义的精神，为自己量身设计一些课程

# 第八章

# I. 个人充电跟电池充电一样，必须型号匹配、结构合理

> 我们的事业就是学习再学习，努力积累更多的知识，因为有了知识，社会就会有长足的进步，人类的未来幸福就在于此。
>
> ——契诃夫

美国《财富》杂志中有一句话说："未来最成功的私营公司，将是那些基于学习型组织的私营公司。"美国著名未来学家约翰·奈斯比特早在1983年就大胆预言："我们已经进入了一个以创造和分配信息为基础的经济社会。"公司是经济社会的细胞，是一个生命肌体，要预防"中枢神经的钝化"，唯有学习。壳牌石油公司的德格曾说过："比竞争对手学得更快的能力也许是唯一持久的竞争优势。"美国麻省理工学院教授彼得·圣吉在吸收东西方管理文化精髓的基础上，更为明确地提出要建立一个学习型组织。

学习是公司的生存手段，也是个人的生存手段。在未来社会，靠经验来工作已经行不通了，而应该创造一个自我学习的环境和氛围，自己要永远保持学习的动力，不断用最新思想、最新知识、最新技术武装自己。只有提高公司组织的学习力，才能"全面增强体质"，让个人能够在未来社会得以生存，并得以更好的发展。所以说，每个人都要不断地加强学习，不断地充电，提高自己的个人能

力，只有这样，才会在将来也一直能够在职场中立于不败之地。

但是个人充电也像跟电池充电一样，必须要与型号相匹配，要有合理的知识结构，而不是随便什么知识拿来学习就可以达到目的的。诺贝尔奖获得者、华裔科学家李政道曾经说："我是学物理的，不过我不专看物理书，还喜欢看杂七杂八的书。我认为，在年轻的时候，杂七杂八的书多看一些，头脑就能比较灵活。"他的意思就是说，人要有合理的知识结构才能够有助于个人的学习，能够使自己头脑比较灵活，能够触类旁通，能够举一反三，更好地提高个人的能力。

**所谓合理的知识结构，就是既有精深的专门知识，又有广博的知识面，具有事业发展实际需要的最合理、最优化的知识体系。**当然，建立合理的知识结构是一个复杂、长期的过程，必须注意如下原则：

1. 整体性原则，即专博相济，一专多通，广采百家为我所用。因为事物是互相联系的，所以作为一个想要取得成功的人就必须能够广泛地了解与自己所从事的行业相关的其他行业，掌握相关的知识，也就是说要做到知识广博。

2. 层次性原则。即合理知识结构的建立，必须从低到高，在纵向联系中，划分基础层次、中间层次和最高层次。没有基础层次，较高层次就会成为空中楼阁，没有高层次，则显示不出水平，因此任何层次都不能忽视。

3. 比例性原则。即各种知识在顾全大局时，数量和质量之间合理配比。比例的原则应根据培养目标来定，成才方向不同，知识结构的组成就不一样。

4. 动态性原则。即所追求的知识结构绝不应当处于僵化状态，而必须是能够不断进行自我调节的动态结构。这是为适应科技发展知识更新、研究和探索新的课题和领域、职业和工作变动等因素的需要，不然，就将跟不上飞速发展的时代步伐。

拥有各方面的丰富知识，是现代职场从业者所必须要具备的基本素质，是一个人能够在职场竞争中成为佼佼者的根本保证。因为拥有了丰富的学识，视野就会变得十分广阔，而广阔的视野对人们形成正确判断的作用是十分重要的。一个仅能从一个角度观察事物的人，是不可能全面把握问题的；只有全面把握行业相关知识，才能运筹帷幄，决胜千里。

每一个想在取得成功的人所需要的合理的知识结构是一种"工"型结构。"—"是基础素质所要求的知识，即必要的自然科学、社会科学和哲学的基本知识，"目不识丁"，不具备一定文化素养的人在知识经济时代是根本不可能成为职场精英的，所以，每个人都要具备必要的科学文化知识，这种基础越扎实越好；"丨"是成功者所需具备的专业知识，即管理科学和经营哲学。所以，这种知识越丰富越好，管理科学包括领导理询知识越丰富，对提高个人的组织和管理能力有着十分重要的作用，可以说是提高个人能力的基础。所谓"丰富"还有第二层含义，就是职场从业者要在学习和实践中不断丰富自己的"领导"知识和经验，为自己的职场升职做好准备；最下面的"—"是指成功者应具有广博的知识，不仅要有一般的知识基础、特定的"领导"知识，还要懂得诸如经济学、专业技术、法律等方面的知识。这种知识越广博越好，从业者的知识面越宽，对其开拓思维、产生创新就会越有好处。

"工"型结构所指的三种类型的知识也是相互联系、相互制约的。没有上一个"—"知识作为基础，就不能具备"丨"和下一个"—"的知识；没有"丨"知识作为中坚，即使"满腹经纶"，也担负不起领导公司的重任；没有下一个"—"知识，成功者就不可能适应"变化了的世界"，使自己能够在职场竞争中勇往直前。

据某外国教育机构研究表示，人们现在所掌握的知识能够直接运用到工作中来的只有20％，而且这20％也在迅速地遭到淘汰，所以说不断地加强学习是职场从业者必须具备的一项基本技能，也是从业者在竞争中不断取胜的法宝之一。但是正如不能"脚痛医脚，头痛医头"一样，不断地加强学习也如同充电一样，要做到型号相配，结构合理，才能真正见到成效。

## 2. 知识如何变成智慧，将知识变成智慧才是真正的智者

> 读书是学习，使用也是学习，而且是更重要的学习。
>
> ——毛泽东

当今社会是一个学习型的社会，对于个人来说，也只有不断地加强学习才能够更好地提高自己，才能够更加驾轻就熟、游刃有余，在越来越激烈的职场竞争中立于不败之地。但是我们也经常会听说或者看到一个人空有满腹才学却一事无成，而有的人并没有多深的文化，却成就巨大。世界上到处都是才华横溢的穷光蛋，他们之所

以贫穷绝对不是因为他们的知识不够用，而是因为他们根本没有学会运用自己的知识，根本不会把自己的知识变成智慧，没有做到学以致用，最终也是一事无成。

股神巴菲特说："头脑中的东西在未整理分类之前全叫'垃圾'。"所谓整理分类，其实就是将自己所学到的知识加以运用。虽然培根说"知识就是力量"，但是如果一个人拥有满腹的知识却不会运用，那就像一枚金币藏在了地下，不会发挥任何作用，只有把它挖掘出来，并拿去使用才能体现出它的价值。正如有人所说："拥有知识并不是力量，只有学会运用知识才是真正的力量。"知识并不会自己发挥力量，而是靠人的头脑进行思考，然后加以运用，才会变成巨大的力量，所以，如果头脑中的东西不去运用，那便与垃圾无异。

当今世界上的成功人士真正拥有高学历，并且是知识分子的并不是很多。全球闻名的"松下电器"创始人松下幸之助只上到小学四年级就被迫到大阪开始了独立生活，再也没有上过学，但是他不仅懂得要不断地加强自学，更懂得运用自己所学到的知识，他熟读历史，并将从历史中学到的知识变成管理智慧，被誉为"管理天才"，结果在他的管理下，松下电器公司由一家小小的公司成长为一家举世闻名的电器公司，取得的成就无人能比。

所以，对于每个人来说，在职场中闯荡，要不断地加强学习，从书本上获得知识固然重要，但是如果把自己的头脑当成了别人思想的跑马场，只会吸收别人的知识，而不去用自己的头脑进行消化运用，那么就会变成一个两脚书橱，只会浪费了时间，而不会有任何的收获。

成功从根本上讲，是善于运用已经学习到的知识，去进行思考，并付诸行动，最终才能取得。成功者都是善于思考，运用自己所学到的知识，想到别人想不到的事情，用自己的思考来把别人难以办成的事办成，把自己本来办不成的办成。

比尔·盖茨虽然是哈佛大学的学生，但是他在还没有毕业时就离开了学校。他的专业知识肯定不如那些一直到毕业之后才投入工作中来的人多，但是他却能够运用自己所学的知识取得了所有同学都难以企及的成就，其中一个最重要的原因就是他肯把自己所学到的知识运用到自己所从事的领域中来。

**大多数平庸的人往往不是懒得动手脚，不是工作不努力，而是不愿意动脑筋思考，没有把自己拥有的知识变化成智慧加以运用。他们拥有足够的知识，但是却没有将知识变成成功的智慧，制约了他们的发展，没能取得成功。**相反，那些成大事者无一不具有善于运用知识的特点，善于发现问题、解决问题，运用智慧来解决问题。可以说，任何一个有意义的构想和计划都是出自于已有知识的运用。一个不善于运用已有知识的人，会遇到许多举棋不定的情况；相反，正确的思考者却能运用脑筋，运用已有知识去运筹帷幄，做出正确的决定。成功的确是需要一定的知识基础，但是有一定的知识基础的人并不一定就会成功，有的人会成为知识的储备者。而只有那些拥有了一定的知识，并且关于运用知识，将知识应用到工作中来的人才会取得成功。

"知识即力量"的名言鼓励了很多人去学习知识，但是有许多人却发现自己拥有知识却没有"力量"，甚至知识越多却越没有力量。这并不是知识的错，而是自己只顾着去学习知识，而忘记还要进行思考，忘记了自己学习知识的初衷——运用知识。而每一个成功者都是运用知识的高手，每一个想要取得成功的人，一定要一手抓知识的积累，另一只手要把自己已经拥有的知识迅速地转化为促使自己取得成功的智慧。

知识本身不是力量，知识的力量在于使用、在于创新、在于活学活用。知识创新是真正强大的力量，只有知识不断创新，才能使认识不断深化，转化为改造世界的力量。简单的知识不一定有力量，堆积的知识也不产生力量，唯有能运用的知识才有力量。每个人不仅要不断地学习知识，还要不断地去运用所学的知识。

 马上行动

知识不是力量，只有学会运用知识才能拥有力量。每一个成功者无一不是具有相当智慧的人，而智慧来自知识的积累。每个人都要不断地加强学习，进行知识的积累，但是知识并不等于智慧，会运用知识才能拥有智慧，因此，每一个成功者都要做到学以致用。

## 3. 读书，但是别变成书呆子、书袋子

> 博学之，审问之，慎思之，明辨之，笃行之。
>
> ——《礼记》

公元 555 年之初，西魏军队攻打南朝梁，大军合围攻城，主将战死，军中大乱，昔日誓死效忠之将领也纷纷降敌。当时正在吟诗的梁元帝萧绎眼看大势已去，急忙躲进内城，并下令焚烧所有藏书，自己也准备自焚。被左右劝阻之后，他便打算投降求和，大臣都劝

他趁乱突围，过江与援军会合，好卷土重来，但是他坚决不从，还怀疑臣下的忠诚，一边破口大骂，一边匆匆忙忙出东门投降，后来在西魏营中被俘虏，有人问他为什么要把藏书全部焚烧掉，萧绎回答说："读书万卷，犹有今日，故焚之。"意思是说，读了这么多的书，还会亡国，因此把书全烧了，他把自己的失败完全归罪于读书之上。

一般来说，人们读书无非二用，一是怡性，二是增智。但是，如果把书读死了，必然食古不化，变得迂腐。梁元帝的亡国与读书没有必然的关系，如果一定要说梁元帝的失败与读书有关，那就是读死书造成的。明末清初著名的思想家王夫之一语中的地评价他说："帝之自取灭亡，非读书之故，而抑未尝非读书之故也。"元帝读书昼夜不辍，强迫自己不睡觉，如果伴读者瞌睡，必遭重罚。这叫痴读而且不近情理。公元 554 年冬，西魏兵临城下，皇城危在旦夕。梁元帝趁巡查城防之机，仍然不忘在城头与群臣"口占为诗"。

当敌军打到城下时，他不是运用自己所学知识，运用所读兵书中的智慧来与敌军交战，而是"口占为诗"。可以说，他是典型的书呆子、书袋子，读了一辈子死书，到头来一点也没有运用上。

**职场中人读书是必要的，但是读书的目的并不是成为一个活体书橱，而是要成为一个将所学运用到工作中来的读书人。**有个老人在河边钓鱼，一个小孩在边上观看。老人觉得这个小孩非常可爱，就把钓到的鱼给他。这个小孩摇摇头说不要鱼，要他的钓竿。老人很惊讶地问小孩为什么不要鱼要钓竿。小孩回答说，鱼很快就会吃完，而有了钓竿就会有吃不完的鱼。也许会有很多人夸赞这个小孩聪明，但是转念一想就会发现，这个小孩要的只是钓竿，而不是钓鱼的技术。所以他一条鱼也吃不到，因为钓鱼最重要的不在钓竿，而在钓技。其实对我们而言，学习也是如此，一个人学到了知识只是拥有了钓竿，而只有学会了运用，才是拥有了钓技。特别是在这个时代，拥有知识的人非常多，但是能够真正将所学知识全部应用到日常工作中来的并不是很多。

书籍可以改变人生，能够创造奇迹。但是不管是改变人生，还是创造奇迹，都需要人们的运用。试问，有谁见过放在图书馆里的书籍改变了谁的人生，存储于电脑里的知识创造了什么奇迹。只有在人的运用下，知识才会发生作用。传统儒家学派有一个非常重要的观点，那就是学习是用来"经世致用"的，也就是说，所学到的知识是要用来治国平天下的，并不是用来装点自己的门面的。因此，一个人不仅要学习知识，更要学会运用知识，而不要将自己变成一个书呆子。

既然如此，应该怎样做才能让自己成一个真正会读书的人，而不是变成书呆子、书袋子呢？一般来说，只要注意了以下四点，就可以十分轻易地做到这一点，并成为一个学习型人才：

**一、要有的放矢地学习，不断学习新知识**

要想做到学以致用，首先要有"学"，这是学以致用的前提，如果一个人连知识都没有，那么就不用谈什么学以致用了，所以说，我们要首先进行理论知识的不断学习，不断地充实自己的理论知识，使自己能够"有的用"。

其次，不要使自己的知识与时代脱节，要进行学习，还要让自己所学的知识符合自己的知识层面与知识结构。一定要使自己所学的知识与自己的工作相关，而不是去学一些与自己毫不相干的知识。

再次要学到最新的知识。由于当今时代知识的更新换代相当迅速，旧的知识很快就被淘汰，所以也就难以再运用到工作中来，所以一个人要想学以致用，要学的就是最新的知识，正在改变的知识。

曾经有个科技工作者经过数十年的刻苦努力攻克了某个科学难题，等他去申报专利的时候，才知道，原来这一科技难题早就已经被人攻克，数十年艰苦努力归于荒废。由此可见，学习新知识，获得新信息的重要性。1979 年的诺贝尔物理奖得主之一美国物理学家温伯格在接受采访时说，他认为要取得科学研究的成功，最重要的一个素质是"进攻性"，是对新知识的进攻性，不要满足于即得知识，而是要不断地学习更新自己的知识，这种素质要比智力还要重要。

## 二、正确地了解自己的工作情况

众所周知，我们所处的世界是一个不断发展变化的世界，不仅大环境在不断地变化，就连我们所的环境，所工作的现实环境，也在不断地进行变化。想要想使自己所学到的理论知识很好地利用进来，弄清现实环境的状况，明白自己的工作所需是前提，故此，要从各个方面来审视自己的工作，做到对自己的工作了如指掌，不仅能了解它的过去，熟悉它的现在，还要尽量预测出它的未来发展方向。

## 三、理论联系实际

很多人在各自的领域内有着渊博的知识，但是当他们去做事情的时候，却往往在自己所熟悉的领域里不知所措。这就是因为这种人只是拥有知识，能够纸上谈兵，但是不能将理论与实际结合起来，学与做脱节，没有做到学以致用。如果只会学不会用，拥有的永远只是知识，而不是力量，也创造不出成果，更创造不出新的知识。培根说："各种学问并不把本身的用途教给我们，如何应用这些学问乃是学问以外的、学问以上的一种智慧。"所以说，我们在学习知识时，不应该把自己当做一个装货物的仓库，而应当把所学到的知识加以消化、吸收，然后根据实际情况加以运用，使理论与实际结合起来，使理论指导实践，也使理论在实践中不断得到修正和补充。

### 四、在实践中检验理论知识

书本上学来的知识是需要进行变通才能得以运用的，因为书中的记载是不同时间、不同地点所发生的事，所以要因时、因地、因势而异地加以运用。比如现在许多人能将《孙子兵法》运用到经商中来，并取得了很大的成就，就是因为他们懂得变通，将兵法中的谋略运用到了商业竞争中来，将商场理解为战场。我们所学到的理论知识并不是在所有的情况下都是正确的，这就需要在实践活动中的检验了。学以致用是学习的最高境界，因为我们每个人学习知识的目的就是要最终运用知识进行创造，而知识也只有在实际运用中才会发挥其巨大的威力，只有将知识转化为能力，才是真正地学到了知识，所以说学以致用是非常重要的。但是现实生活中却有很多人不能将知识与实践结合起来，所以没有使知识得到运用，也没有使知识在实践中得到检验和改进。因此，我们要做到像陆游所说的那样："纸上得来终觉浅，绝知此事要躬行。"在工作中以我们要及时地对理论知识加以补充或修改，争取做到理论联系实际，而又能在实践中得出真知，达到学以致用的最高境界。

### 马上行动

唐朝文学家韩愈说："读书患不多，思义患不明；足己患不学，既学患不行。"从他的观点可以看出，最重要的不是读书，而是学会使用读书得来的知识，不要让自己成为书呆子，而是要在读书中消化知识，要能够做到既会学，更懂得如何去行动。

# 4. 为拓展人脉而"交学费"，再贵都值得

> 一个人永远不要靠自己一个人花 100％的力量，而要靠 100 个人花每个人 1％的力量。
>
> ——比尔·盖茨

　　某著名大学"卓越男性高级研修班"第二期的招生简章上，将招生对象明确确定为："领略过成功的企业家、金领、白领、国家企事业单位高层主管人士、城市休闲族和自由职业者。"研修班的创办人介绍说：我们研修班学习的学员包括来自全国多个领域的行业精英，某市长夫人、某银行行长、央视主持人、某大型购物中心总经理都名列其中，很多人不远万里"打飞的"前来听课。

　　这些学员真的是为了学习书本知识、跟老师探讨问题而来的吗？当然不是，他们看重的就是课堂这个人脉圈。这个人脉圈中有更行各业的人，强大的人场气场才是吸引他们的主要原因。

　　某省交大举办的 CEO 高级研究班就吸引了不少这样的人。第六期研究班学员刘敏，原本已经拥有博士学位，但还是先后读了 9 个这样的培训班。对此，他直言不讳地表示："参加此类培训班，原因之一就是被其庞大、高层的人际网络所吸引。对企业总裁和高管来说，有时人脉比知识更重要！"该校管理学院的陈泉锋老师就说，他们的学员大多是抱着学习知识和积累人脉关系的心态，如果班里有

的人职务层次不够，其他学员就会表示不满。摸透了学员的心态，院方有意识地在招生方面严格把关。一般来说，只有企业副总以上级别的人才有资格参加此类培训。

**以上事例说明了人脉的重要性。现实生活中，很多成功人士为了拓展人脉，就算要花费更多的时间与财力都应该在所不惜。因为相对于你通过人脉获得的成就来说，为了拓展人脉而进行的投资肯定要少得多。**

拓展人脉，除了各种各样的"总裁班"，一些高档的健身俱乐部也正在受到成功人士的青睐——高尔夫，骑马，马球，滑雪，棒球，潜水，甚至游艇。你不需要面面俱到什么都会，但是这些通行在"有钱人"圈子里的健身方式，你至少得有一项很"灵"。不要小看了体育项目的作用，很多时候，重大决定就是靠这小小的输赢决定的。有一年，港深银行和创奇银行都希望能与起南集团合作，两家银行也都提出了各自的方案，评判方案以及最后确定采用哪家银行的方案、与哪家银行合作，当然由起南集团的董事长石起南先生决定。石起南发现，实际上，两家银行的方案都很好，难分伯仲。最后，他决定采用港深银行的方案，与他们合作。究竟是为什么呢？原来，港深方案的负责人和石先生都有共同的爱好：高尔夫。共同的爱好使他们有一种亲近的感觉，在不损害利益的情况下，当然根据自己的喜好进行选择。而港深银行的那位负责人，恰恰就是沾了这小小高尔夫球的光，将石起南这位大客户，拉进了自己的圈子。这种情形恰如其分地验证了国际管理集团创始人马克？麦考马克说过的一句话："做生意的过程是个不断保持警惕的过程——事实上，这是唯一的经商之道；同时，又要怂恿别人放松警惕。一般说，情况活场合越是无拘无束，人们也越容易放松警惕。在非正式活社交场合中谈生意，你能得到的东西之多，准会使你惊叹不已。"

由此可见，拓展人脉 对个人的成功十分重要。与行业外的社会精英交流可以使你得到更多的资金支持，而与行业内的人进行交流则能够使你更容易地掌握行业动态，能够及时调整自己的发展计划，或者能够发现新的成功契机。但是无论与什么人建立良好的关系，都需要"交学费"，更需要不怕为此而付出高昂的学费。

## 马上行动

建立关系需要花时间，任何的人际关系都需要花时间。一回生，二回熟，人际关系是成功的基础。把最重要的时间花在最重要的人身上，要跟比你优秀的人在一起。你的朋友决定你的命运。近朱者赤，近墨者黑。要成功，要跟成功人士在一起。成功是一种习惯，成功是一种哲学，成功更是人际关系交往的基础。

## 5. 上一堂"幸福学"课程，别为了金钱迷失心智

> 幸福不在于拥有金钱，而在于获得成就时的喜悦以及产生创造力的激情。
>
> ——富兰克林·罗斯福

时下的社会经济形势有点不太乐观，所以很多年轻人尤其是那

些刚刚参加工作的人免不了会觉得自己工资报酬很低，当然这也的确是一个不争的事实。很多人看重有钱才能有幸福，幸福必要建立在一定的经济基础之上，所以较低的工资总让他们幸福不起来，整天闷闷不乐，有的更甚至痛不欲生。

当然，我们不能轻易否定钱的作用，但将自己的幸福感完全与钱、与工资相挂靠的这种心理肯定是有偏差的。比如有一点是大家所认同的，那就是人们挣钱越多就越想多挣：那些年薪 10 万元的人说如果每年能挣到 20 万该多好，多幸福；而那些年薪 50 万的又说只有挣到 100 万他们才会满意。而一项研究调查了近千名的美国富人，其中一半以上的人表明财富其实并没有带给他们幸福，三分之一资产过千万的富人还认为金钱所导致的麻烦远远多于其解决的问题。虽然一些高收入的人也觉得富裕的生活提高了他们对生活的满意度，但是研究发现他们每天所做的事情并不比收入较低的人更有乐趣，而且收入高的人还容易产生焦虑和急躁的情绪。

显然，从这里我们不难看出，薪水的增幅是不可能与人的幸福感成正比例关系的；相反，尽管一个人工资起点很低，但只要他一步步地坚持努力，踏实苦干，那么每次的升职加薪都会给他带来无比的幸福感。在这方面，IBM（国际商业机器公司）的吴士宏就是一个很好的例子。

年轻时候的吴士宏不过只是一个不起眼的医院小护士，也没有什么文化，每月也只拿着三十元的劳保工资，但是她的理想却非常远大，而且她也乐意为之付出艰辛的努力。她先是通过自学通过了高等教育自学英语考试，随后于 1985 年进入了 IBM 公司；慢慢的，她又从通过了严格考试，转入了专业队伍，随着她的进一步努力，她渐渐地由大客户销售代表、销售经理、IBM 华南区市场经理，直到 1995 年任华南地区分公司总经理……当然她的成功和荣誉还远远不止这些，但相信成就感与幸福感是始终会眷顾着她的。

1980 年时美国政府通过了《新难民法案》，居住在纽约水牛城收容所的 512 名难民因此成了美国的合法公民。他们之中大多是来自贫困国家的偷渡者，他们要来美国这片热土上寻求自由和幸福。

就在新法案颁布 25 周年之后的 2004 年,，这批得益于该法案的人搞了一次集会。他们一致承认自从成为美国的合法公民后生活都有了极大的提高，可是幸福的梦想好象还远远没有实现。有一位专门研究难民问题的法学博士霍华德·休斯，他在听说此事后便对此进行了详细的调查。

首先他对那批难民的身份进行了一次全面的核实，发现这 512 人都来自穷困的国家，而且他们的来美之路也都非常的艰辛，甚至很多人还为此失去了生命。接着，霍华德博士又对他们来美后的经历进行了考察。他发现这批偷渡者由于都怀有着强烈的发财梦，所以来美后经过二十余年的拼搏，生活都过得不错，甚至还有一半的人已经达到了美国中产阶级的水平。这时，霍华德博士便疑惑了：钱已经够用了，可他们为什么仍抱怨没有过上幸福生活呢？

为了找出根源，霍华德博士又对他们进行了一一调查。其中有四个人的调查记录是很有代表性的：

某水产商，初来美国时在迈阿密的水产一条街做黄鱼生意，现已由原来的一间店铺发展为连锁店。25 年来，为挤垮竞争对手他未休息过一天，更未出外度过一天假。

某旧车经销商，居住在休斯敦郊外，别墅面积为 1518 平方米，二楼为仓库，存放着旧车胎 3600 条、旧发动机 420 台，并现有旧车 7 辆，改装的摩托车 6 辆。

某房产开发商，1995 年之前在 13 个市镇拥有房产开发权，后因逃税被判一年六个月监禁，剥夺开发权，并遭罚款 8600 万美元，现从事涂料进出口业务。

某中介商，来美国后一直从事海地、多米尼加、波多黎各等国的劳务输出工作，通过他其家族一半多的人在美打工或暂住，现和他一起居住的亲属 14 人。

霍华德博士的这份调查报告长达 730 页，在其中他历数了每个人的生活状态。这份报告后来被交到了美国国务院，接着又迅速被移交到移民部。没过多久，原纽约水牛城收容所的 512 名难民每人便收到了一个特别的小册子，只见它的封面语是这样醒目：一个穷人在成为富人之后，如果不及时修正贫穷时所养成的贪婪，那他就别指望能跨入幸福的境界。

2005 年 1 月 15 日的美国《加勒比海报》报道：有一位来自加勒比海地区的富翁卖掉了公司，打算去过简朴的生活。而第二天，霍华德博士就收到了美国移民局的一封信：那批难民中已有人找到了富裕后的幸福。

**在当今社会，没有钱是不可能幸福的，但是如果眼里只看到钱，只为了钱活着，那么人生也就失去了意义。经济学家萨缪尔森提出了一个幸福方程式：幸福＝效用/欲望。所谓"效用"就是指你的个人能力给自己带来的可支配物质的多少，而欲望则是指你对个人生活的要求。**每个人的个人能力在一定的时期内都不可能有太大的提高，也就是说个人在短期内所能支配的物质财富不会有很大的改观，而获得幸福感则主要靠把欲望缩小。所以说每个人都要上一堂如何获得幸福的课程，不要让金钱迷失了心智，能够开心幸福地生活下去。

### 马上行动

　　坐拥千顷广厦，睡觉不过七尺；富可倾国倾城，一日不过三餐。无论拥有多么令人羡慕的财富，如果不懂得如何获得幸福，也是枉然。幸福其实是一种感觉，在基本的物质条件得到满足的情况下，如果你能够懂得降低自己的欲望，那么你就会是幸福的。当然这并不是说，从此不再努力奋斗，而是说要有正确的心态，不要让金钱迷失了自己的心智。

## 6. 培养一个高品位、可以与他人共享的爱好

> 　　好奇的目光常常可以看到比他所希望看到的东西更多。
>
> ——莱辛

　　有这样一则笑话：有人去咨询医生怎样才能获得长寿？医生问他："你抽烟吗？""不抽。""喝酒吗？""不喝。""好色吗？""不好。""那你有什么爱好？""没有任何爱好。""那你长寿干嘛？"

　　虽然这只是一则笑话，但是却折射出一个问题，那就是每个人都要有自己的爱好。如果一个人没有自己的爱好，每天只是八小时工作，八小时睡觉，八小时处理杂事，生活也将了无情趣，而工作也必然难以做好。其实爱好对每一个人来说都是相当重要的，尤其

是一个可以与他人共享的爱好，更是相当重要的。因为这样的爱好能够拉近人与人之间的距离。拥有相同的爱好，就会有共同的语言，就会建立良好的关系，促使自己取得成功。

有一个大学生喜欢锻炼身体，尤其喜欢跑步，曾经拿过全校的三千米冠军。这个看似与工作八竿子打不着的爱好却在他求职时打动了面试官。当他去面试时，成功的把握并不大，面试官对他的印象也不是很好，但是当后来在聊到自己的爱好时，却令面试官相当兴奋，因为面试官与自己的爱好相同，后来为这一相同的爱好，他被录取了。而还有一个人也是因为喜欢打桥牌这一爱好打动了面试官而通过了考核。

**爱好虽然看似个人私事，其实它也能折射到工作上，为你的事业增光添彩。有很多人之所以能够取得成功恰恰是因为通过爱好而获得了他人的认可与帮助，从而取得了事业的成功。**金庸武侠小说《笑傲江湖》中有"江南四友"：老大黄钟公，老二黑白子，老三秃笔翁，老四丹青生。四个人每人都有一个爱好，老大爱好音乐、老二爱好围棋，老三爱好书法，老四爱好绘画。四个人奉东方不败之命在西湖梅庄看守魔教前任教主任我行。许多年来，很多一直追随任我行的教众都想救任我行，但是却没有入得梅庄半步。而向问天与令狐冲却很容易就进入了梅庄，并与江南四友"攀上"了关系。令狐冲二人与江南四友见面不久之后就得到了他们的赏识，一方面靠两人的才智与个性，另一方面更是靠向问天的设计。向问天对这四个人了如指掌，所以针对四人的爱好各自设计了一个方法：向问天为老大黄钟公准备了失传已久的《广陵散琴曲》，为老二黑白子准备了棋谱《呕血谱》，为老三秃笔翁准备了张旭的狂草真迹《率意帖》，为老四丹青生准备了范宽的名画真迹《溪山行旅图》。这四个人对此四种东西渴慕已久，但是却一直没有找到。如今却有人送上门来，当然大为高兴。但是更让他们高兴的是，令狐冲与向问天不仅能够搜罗到这些宝物，还貌似精通琴棋书画，剑法武艺也能与四人切磋，可以说是有着相同的爱好，所以与四人相谈甚欢。向问天正是通过利用他们的喜好与令狐冲对琴棋书画的粗通而与四人拉近了距离，最后成功将任我行从地牢中救出。

这个故事利用了个人的爱好取得了成功，从而说明了一个道理，如果你与他人有相同的爱好，就很容易拉近彼此之间的关系，很容易获得他人的认可，就能顺势而为，利用他人的能力或者优势来完成自己的事情。一般来说，拥有一定实力的人，其爱好都不是非常大众的，不会是打篮球、踢足球之类的爱好，往往会是相对比较高雅但是又不过于古怪的爱好。但是初入职场的人也许并没有比较高雅的爱好，所以就需要去培养一种高雅但是又容易共享的爱好。那么应该如何培养自己的兴趣爱好呢？一般来说，只要从以下几点出发即可：

一、兴趣产生于认知。兴趣是一种积极的认识倾向，这种认识倾向只能建立在一定认识的基础上，没有一定的认识（或称之为知识），再奇特的现象出现在面前，也会熟视无睹，毫无兴趣，即使有瞬间的兴奋，也会因知识的贫乏而稍纵即逝。日本的教育心理学家田崎仁认为："兴趣不是原因，而是结果。"那原因是什么呢？是知识，任何兴趣都根植于一定的知识的土壤中，因此，知识是兴趣的媒介。许多事实告诉我们，无知便无趣。当人对事物一无所知的时候，一般不会对它产生任何兴趣；当对某种事物具备了一定的认识后，知识会为人拨开弥漫于事物表面的迷雾，使人认清隐藏在奇异现象背后的更加绮丽的东西。

二、兴趣产生于需要。兴趣是在需要的基础上逐渐产生和发展的。需要激励人们积极行动，是个体活动积极性的源泉，是人从事活动的基本动力。一个人只有对某种客观事物产生了需要，才有可能对这种事物发生兴趣。比如，某人感到了物理知识的重要，有了学习物理知识的要求，才产生了对物理知识的兴趣。当人的某种需要满足之后，他又会产生新的需要，这就使原来的兴趣也得到丰富和发展。兴趣之所以发生，实际上是学习成功的自然结果。比尔·盖茨说："没有什么东西比成功更能增加满足的感觉，也没有什么比成功更能鼓起进一步追求成功的勇气。"

三、兴趣产生于好奇。心理学家告诉我们，好奇心是兴趣的起点，孩子出自对某种事物的好奇，在这种好奇心的驱使下去探索、去学习。研究发现，一个人的兴趣源于好奇，而每个人都有好奇心。因为好奇，才希望去探索，才需要去发现；一旦失去了好奇，就失去了探索的动力。

有了兴趣爱好并不意味着就会成功或出类拔萃，还要有辛勤的付出、执著的追求。千万不要小看哪怕是小小的爱好，发现它，并发挥好，它必将会给你带来意想不到的收获。

## 马上行动

人们都说兴趣是最好的老师，兴趣有时也是最好的朋友，是最好的帮手，它不仅能够帮你提高自己的修养，开阔视野，还会帮你拓展人脉，与有共同爱好的人建立良好的关系，十分有助于你在职场中的成功，因此每个人都要至少有一个比较高雅但是又不过于小众的爱好。

# 7. 成功主要是工作之外，精打细算利用自由时间

> 一个人能否成功关键在于他是怎样度过业余时间的。
>
> ——士光敏夫

有人说："上帝给所有人一天 24 小时。8 小时用来工作，8 小时用来睡觉，还有 8 小时用来成就自己。"也就是说，每个人的时间都是一样多的，都有 16 个小时来做固定的事情，而剩下的 8 小时则是自由支配的。而个人的成功则主要看自己将这 8 小时用在了哪一方面上了。既然我们都知道成功需要不断地加强学习，那么我们的自由支配时间就应该拿出一总些来用在学习上。但是一般情况下，人们的自由支配时间都是零散的，应该如何合理安排充分利用时间就显得尤为重要。

实际上，只要扎扎实实地用好每一分钟，大多数人都会成才，都能有所作为，也能享受美好的生活。有些人一生都没有利用好时间，有些人只是利用好了青春，有些人只是利用了一生中的几年，一流人才在尽量利用好每一天，而高手们在尽量利用好每一分钟乃至每一秒钟。纵观高级人才的行为，很少有浪费时间的行为，他们的成功实质上时间利用上的成功。**充分利用时间，实质上就是以较少的时间做较多的事情，办每件事都要考虑节约时间的问题。有些事情不能节约时间，为了保险还要投入较多的时间，充分利用时间，**

**将时间用在最需要地地方**。充分利用时间是一个永恒的问题，人类利用时间的能力在不断进步。如何充分利用时间呢？

一、以较小的时间单位办事。这样有利于充分安排和利用每一点点时间，一时节约的时间和精力或许不多，但长期积累，可节约大量的时间。犹太人把时间视为金钱，常以 1 分钟得到多少钱的概念来工作。犹太老板请员工做事，工薪是以小时计算的。犹太人会见客人，十分注意遵守时间，绝不拖延。客人来访，必须要预约时间，否则要吃闭门羹。

二、多限时。人的心理很微妙，一旦知道时间很充足，注意力就会下降，效率也会跟着降低；一旦知道必须在什么时间里完成某事，就会自觉努力，使得效率大大提高。大科学家爱因斯坦将一天 8 小时的工作用 4 小时内干完，其余的时间用来进行学习和研究。对多数事情而言，既可在较长的时间里做完，也可在较短的时间里做完，弹性相当大。多限制时间有助于减少办事时间，从而达到充分利用时间的目的。一件事情 8 小时可以做完，如果只用 4 小时完成，那就会因此而省下很多的时间。

三、平常要充分利用时间，关键时刻要抢时间。如果抢时间的能力差，就很容易在关键时刻失败，因此，每个人都要掌握好抢时间的技术。

四、采用先进的工具和技术节约时间。这样一时节约的时间或许不多，但长期积累就会很多。假如一生都尽量采用较先进的工具和技术，往往可以取得成功。尽管使用先进的工具和技术可能要花不小的代价，但与长期积累所节约的时间相比，往往是值得的。电脑是人类的好助手，花一些时间精通电脑很有好处。随身携带一个笔记本电脑，在乘飞机、坐汽车、坐火车时都可以学习、工作和娱乐。

五、把自己的时间安排得满满的，从而促使自己努力，这是充分利用时间的最好办法。假如给自己安排的事情不多，那么，无论如何时间还是没有被充分利用。

把自己一生要做的事情都安排得满满的，比如一生准备干多少事业，把自己的时间安排得满满的，从而促使自己勤奋一生不断地积累，的确非常有益。

六、利用零散时间。比如看电视时，人们通常只留意其精彩的内容，因此，通过多换台可以看到更多精彩的内容。边看电视边做其他事情，电视内容精彩时，就看一看；反之，就做些其他事。在公文包里放一本好书，有空就拿出来看一看，工作中间没事时可拿出来看等等。

七、利用零碎时间。利用好零碎时间并不难，但最容易为人们所忽视。超级人才与一般人才的区别主要在于他们善于利用零碎时间，尽管一时的区别并不大，但长期积累，差距就产生了。例如坐地铁、坐火车时，读份报纸或构思一个文件，或者好好地自我放松一下。在等待的时间里，可考虑发展计划、读几页书、看看报纸、处理一些琐事、运动或放松一下。

法国科幻作家凡尔纳在航海旅途中完成了著名幻想小说《海底两万里》。奥地利的大音乐家莫扎特理发时都在考虑创作乐曲，常常一理完发，就赶快把构思出的新乐曲记录下来。他常说："谁同我一样用功，谁就会同我一样成功。"

从这些名人的身上我们可以看到有效利用零碎时间的重要性。曾经有一位出色的演讲家，他酷爱音乐，尤其喜欢小提琴，但是，由于成天忙于演讲，没时间到专门的学校进行专业培训，于是就只有自己苦练。演讲家非常懂得利用零碎时间，他不论到什么地方去演讲，都把小提琴带在身边。不管是在等飞机的时候，还是在演讲结束后，只要有时间，就会拿出小提琴练习，最后这位演讲家也成了一个著名的小提琴演奏家。

这位演讲家惜时如金的做法令人敬佩，如果我们每个人也能像他那样有效地利用零碎时间，就一定能够获得更多的知识，也必定能够取得非凡的成就。总之，要尽量充分有效地利用这些零散时间，抓住每一分钟有效地进行学习，只有这样，才能大大地提高学习效率，才能取得异想不到的效果。

 马上行动

时间是人类最宝贵的财富，只有充分利用了时间，才能够学习到更多的知识，才能够提高自己的工作能力，开阔自己的视野，使自己的境界能够得到极大的提高，从而取得更大的进步。

当今社会，随着知识经济时代的到来，各种知识、技术不断推陈出新，竞争日趋紧张激烈，社会需求越来越多样化，使人们在工作学习中所面临的情况和环境极其复杂。在很多情况下，单靠个人能力已很难完全处理各种错综复杂的问题并采取切实高效的行动。所有这些都需要人们组成团队，并要求组织成员之间进一步相互依赖、相互关联、共同合作，建立合作团队来解决错综复杂的问题，并进行必要的行动协调，只有依靠团队合作的力量才能创造奇迹。因此，如果你是一个企业的领导者，就需要精心设计一个忠实于你的团队，通过团队的努力，共同取得更大的成功。

根据事业发展的需要，
    精心设计一个忠实于你的团队

# 第九章

# I. 学习刘皇叔，找到像诸葛亮一样的智囊

> 将我所有的工厂、设备、市场、资金全部夺去，只要留下我的成员，4 年后我仍将是一个钢铁大王。
>
> ——卡内基

团队是十分重要的，而团队中那个运筹帷幄的人则更是重中之重，所以说，作为一个团队的领导者，一定要找到团队中那个能够运筹帷幄之中的人。刘备三顾茅庐请诸葛亮出山便是苦苦寻找团队中运筹帷幄之中的人。而事实也证明，刘备自从有了诸葛亮做军师之后，很快就从一个四处流窜的落魄皇族后裔变成了一个称霸一方的霸主，到后来甚至登基称帝，三分天下有其一。从这一点可以看出，一个团队中的智囊人物是相当重要的。

三国时期还有一个人也是团队中的智囊人物，那就是曹操的重要谋臣郭嘉。曹操是一个十分看重人才的领导者，他的手下囊括了一大批当时的优秀人才，其中有一个叫戏志才的人，相当有本事，曹操十分器重他。但是戏志才却很早就死了，曹操十分伤心，便写信给谋士荀彧，书中说："自志才亡后，莫可与计事者。汝、颖固多奇士，谁可以继之。"荀彧见信后，向曹操推荐了一个年轻的才俊人物，即郭嘉。

曹操见信之后，立刻派人将郭嘉接入自己的营帐中，两人相谈许久后，曹操赞叹道："使孤成大业者，必此人也。"郭嘉对曹操的

气度留下了深刻印象，也非常高兴地说："真吾主也。"曹操遂任郭嘉为司空军祭酒。在入曹操营之后不久，郭嘉就提出了曹操必胜的"十胜论"，认为曹操必然能够战胜袁绍，为曹操战胜袁绍平定中原奠定了思想基础，从而解除了曹操在打败袁绍这件事上的顾虑，鼓舞了曹操统一天下的决心。

公元198年，曹操征讨吕布。吕布败退固守下邳（今江苏睢宁西北）。曹军久攻不克，将士疲惫，曹操想罢兵撤退。郭嘉却将其劝阻，因为他看出了胜机，指出："吕布勇而无谋，今三战皆北，其锐气衰矣。三军以将为主，主衰则军无奋意。夫陈宫有智而迟，今及布气之未复，宫谋之未定，进急攻之，布可拔也"。果然经过一个月多的交战，曹操将吕布消灭，为完成统一北方的大业，创造了有利条件。

后来在官渡之战时，曹操想两面作战，一面与袁绍交手，一面消灭后起之秀刘备，但是这次又被郭嘉劝阻了，因为这样会使曹操两面受敌，还会导致双方联合夹击，最终可能会被打败。曹操听信了郭嘉的建议，放弃了攻打齐备的打算，在官渡一举以少胜多，大败袁绍，奠定了自己北方霸主的地位。曹操虽然几乎统一了北方，但是军心不稳，百姓也不能安居，粮草常常不继，郭嘉又为曹操出谋划策，建议曹操在北方实行屯田制。这样做不仅使百姓能够安居乐业，赢得了民心，还积聚起丰厚的粮草，这个计策为曹操进一步扩大势力奠定了坚实的人力、物力基础。

郭嘉是曹操团队中最有才能的一个人物，他非常有能力，无论内政还是外事，都能够给曹操提出十分有效的建议。后来曹操要北征乌桓，郭嘉虽然坚决反对，但还是随军而行。在北征途中，郭嘉染病，病重卧床之时，曹操不断派人探视，"问疾者交错"，说的是当时情况。回师不久郭嘉逝世，年仅38岁。曹操哀痛不已，对荀攸等曰："诸君年皆孤辈也，唯奉孝（郭嘉）最少。天下事竟，欲以后事属之，而中年夭折，命也夫。"后来在赤壁之战大败后，曹操又慨叹道："郭奉孝在，不使孤至此。"

无论是诸葛亮，还是郭嘉，都是团队中的智囊人物，而且是一个团队中必须的人物，刘备在没有诸葛亮时一直没有成就事业，而在有了诸葛亮为他谋划之后，迅速占领一片土地，而曹操在郭嘉死后则开始走下坡路，赤壁之战更是大败而归。**因此说，作为一个团队的领导者，寻找自己的智囊是十分重要的。一个好的智囊能当万人敌，而一个成功的企业或者个人背后必然会有一个智囊人物甚至是智囊团。**

美国钢铁公司创始人卡内基就是一个善用智囊的人物。卡内基原本是一个名不见经传、对钢铁知识知之甚少的小工。他成功的奥秘在于善于利用人才技术的优势，并且把他们集中到自己麾下，他四处网罗人才，同 50 多名专家组成智囊团。他们为他出谋划策，解决生产经营中的若干疑难问题。正是这股巨大力量的融合，才产生了美国历史上一个钢铁托拉斯。他把人才视为企业最宝贵的财富："将我所有的工厂、设备、市场、资金全部夺去，只要留下我的成员，4 年后我仍将是一个钢铁大王。"在卡内基的智囊团中，各方面专家组成一个合理的智能机构，能针对任何重大问题及时提供切实可行的解决方法，从而推动事业的持续发展。

但是并不是说你找到了智囊就万事大吉了，还要会运用智囊，更要能够留住智囊。郭嘉原来在袁绍的麾下效力，但是袁绍根本没有使他的才能得到施展，后来郭嘉便离开袁绍，回家赋闲六年，直到曹操启用他，他的才能得到了最大的发挥。而郭嘉之所以能够在曹操麾下尽心效力，主要是因为曹操礼贤下士，以非常礼遇相待。

而卡内基也正是以自己的人格魅力、坚毅品格和明确的奋斗目标激励着每一个智囊团成员。他了解智囊团的每个成员，并与他们坦诚相见，推心置腹，公正待人，给他们应有的利益和酬劳，从而产生了巨大的向心力和凝聚力，于是他的公司不断扩大，一跃成为美国资产最多、力量雄厚、拥有 25 万员工的超级钢铁企业。

因此，作为一个企业的领导者必须要找到自己的智囊，并且能够靠自己的个人魅力使智囊折服，使其能够长期为自己效力。只有这样，才能够使自己的团队能够理智地在市场竞争中拼杀，从而能够更容易地取得成功。

## 马上行动

几乎所有的大企业都有一个智囊团，微软公司、西门子、诺基亚、海尔集团等所有傲视群雄的实业巨头，无不有一个智囊团在为其运筹帷幄，从而决胜千里。因此作为一个想要取得成功的创业者，作为一个企业的领导者，你也应该马上去寻找自己的智囊团，从而能够更好地打造自己的团队，能够取得更大的成功。

## 2. 敢于冲锋陷阵的大将必不可少，执行力很重要

> 我宁愿要三流的创意和一流的执行，也不要三流的执行一流的创意。
>
> ——马云

一个团队就像一艘船，不仅要有掌舵的船长，还要纠正方向的大副，更需要敢于冲锋破浪的水手。也就是说一个团队需要领头人，

如朱元璋，还需要军师如刘基，此外还要有敢于冲锋陷阵的大将常遇春。

常遇春是朱元璋手下一员猛将，他曾多次以少胜多，为朱元璋建立明朝立下了巨大的功劳。1355年，常遇春投奔朱元璋不久后，在采石矶战役中，率少量兵力乘一小船在激流中冒着乱箭挥戈勇进，纵身登岸，冲入敌阵，左右冲突，如入无人之境，朱元璋即挥师登岸，元军纷纷溃退，朱元璋乘胜率军攻占太平。常遇春锋芒初露，立了头功，由渡江时的先锋升至元帅。

1360年5月，陈友谅率水军数十万攻打朱元璋。常遇春又率三万人设伏，以少胜多，大败陈友谅，使朱元璋转危为安，并壮大了力量。1363年，陈友谅率六十万大军倾巢来攻，常遇春又奋勇当先，大败陈军主将张定边，并纵火焚烧陈友谅战舰，使其兵将损失过半，导致陈友谅在混战中被流矢射中而死，使朱元璋成为群雄中之强者。1366年8月，他再度出征，率军直击张士诚，将其战败致死，消灭了朱元璋的一个强敌。朱元璋称帝之后，常遇春又率军北上攻打大元，最终使大明一统天下。常遇春自从1355年追随朱元璋，参加采石矶渡江战役，到1369年夺取元上都开平，后在征战之中病亡，十四年戎马生涯，转战南北，无役不从，战无不胜。常遇春曾自负地说："我率十万人便可横行天下！"军中送他一个绰号叫"常十万"。在所有的战役中，"每与敌战，出则当先，退则殿后，未尝败北"，他是一个典型的身先士卒，战无不胜的猛将。朱元璋对常遇春特别爱重，认为常遇春的功勋"虽古名将，未有过之"。

一个团队中的船长是掌舵的，大副是军师，为船长出谋划策，但是如果只有船长与大副，船也是不可能破浪前行的。**世界上不乏有好的领导者，也有好的谋划者，往往因为行动不力而不能取得成功的。从管理学上来说，即需要有一个很强的执行力者。企业如果有好的发展方向与详尽的策略，那么成功就需要团队中能够有一个**

**更好的执行者来将谋划执行下去，只有这样，才能将所有的想法付诸实际，才会取得成功。**很多时候，一个企业正是败在执行力不足上的。联想公司在 1999 年进行 ERP 改造时，业务部门不积极执行，使流程设计的优化根本无法深入。长此下去，联想必将瘫痪。最后柳传志不得不施以铁腕手段来提高企业的执行力。他在一次企业高层会议上雷霆震怒地说："（ERP）必须做好，做不成，我会受很大影响，但我会把李勤（当时的联想集团副总裁）给干掉！"李勤当即站起来："做不好，我下台，不过下台前我先要把杨元庆（时任联想微机事业部总经理）和郭为（时任联想科技发展公司总经理）干掉！"结果员工从此以后，提高了执行力，使企业迅速度过了难关。

阿里巴巴创始人马云曾经说："我宁愿要三流的创意和一流的执行，也不要三流的执行一流的创意。"执行不力往往是很多企业与个人失败的最大原因。IBM 的战略和具体经营策略天下一流，但在 20 世纪 90 年代初期，它却因执行不力而被其他公司抢去了巨大的业务，失去了行业巨头的地位。IBM 信用公司在为顾客提供融资服务时有着十分繁琐的程序。首先，现场销售人员获得一名有购买意向的客户，然后电告总部办公室人员，办公室人员将要求记录在一张表格上；第二步，这张表格被送到楼上的信用部，信用部专人将其输入电脑，并审核客户信用度，把审核结果填入表格，然后将表格交给下一环节——经营部；第三步，经营部接到此表格后，又有专人负责根据客户的申请，对标准的贷款合同作必要的修改填写；第四步，此融资申请单被送到核价员处，他将有关数据输入电脑，计算出对该客户贷款的适当利率，然后连同其他材料一起，转到下一步——办事组；第五步，办事组中一位行政人员将所有这些标准装入一个特定的信封内，并委托快递公司送到销售人员手中。

这一流程原本只需要四个小时的时间就能完成，但是在 IBM 却需要最短七天才能完成，结果使很多顾客都离 IBM 而去。这种疲软乏力的执行力，使得他们在犹豫不决的拖延中江河日下，最终失去了用户，丢掉了巨额的经济收益。

如果执行不力，团队的创意再好，谋略再出众，也不可能取得成功，因为一切将会变成空想，不能实现。可见，团队的执行者是十分重要的，必须要有能够冲锋陷阵的大将，必须要有很强执行力的行动者，来将企业的意图切实地体现在行动之上。

## 马上行动

如果没有行动，或者执行不力，一切的想法都将变成空想，再美好的意愿也不会变成现实。因此一个团队中必须要有敢于冲锋陷阵的大将，要有能够将企业的规划执行到位的先锋。因此，如果一个企业管理者已经找到自己的智囊团，那么现在最需要寻找的人才就是能够将一切纸面上的想法执行到"地面"上来的行动者。

## 3. 兵马未动，粮草先行，要有一个保障后勤的人

> 不要只看到先锋队员的能力与成就，如果没有足够好的后勤保障，先锋队员的能力根本不会得到发挥，更不会取得什么成就。
>
> ——查德·帕斯卡

俗话说："兵马未动，粮草先行。"作为一个团队，后勤也是相

当重要的，如果没有一个得力的助手来管理后勤，那么作为先锋也很难打胜仗。朱元璋在与各路军阀争夺霸主，在消灭元朝时，固然得力于一个好的军师——刘基，一个好的主将——徐达，一个好的先锋——常遇春，还得力于一个好的后勤管理者——李善长。

李善长在朱元璋创业时的声名并不显赫，但是却倍受朱元璋重视。他在朱元璋最式微的时候投奔而来，一直负责军队的粮饷供应，成为前线将士风扫残云的"发动机"，被朱元璋称为"在世萧何"。而萧何则是历史上有名的后勤，刘邦在夺得天下之后曾经以"镇国家，抚百姓，给馈饷，不绝粮道，吾不如萧何"来赞誉他。

在现代企业管理中，如果后勤不能保障，不能给员工创造良好的条件，那么员工的积极性就会受到打击。陈庆亮在公司里是业务骨干，他到公司虽然时间还不久，但是已经拿下了几个举足轻重的项目，老板对他非常满意，给他的待遇也相当好，这让他对公司及自己在公司的未来信心满满。可是没过多久，他就发现了问题。他一心一意在开拓业务，并没有去计较自己的一时得失，在需要差旅、需要商务费用时，他也二话没说就自己先掏钱垫付了，当然也是事先向老板说明了的。可是一个月过去之后，公司对他的费用没有任何解决的方案；两个月过去了，他提交的报销单已经不知道堆积在财务室的哪个角落，还是没有任何动静；等第三个月快要过去时，财务专员告诉说他老板一直没时间给他签字报销，所以还得等。

这对公司来说也许是一件小事，但是对员工个人来说却是一件意义十分重大的事。员工需要给公司的，是一份承诺，一份认认真真的敬业和勤勤恳恳的实干；同时公司也需要给员工一份承诺，要给员工的付出以相应的回报。这份回报正是关系企业生存发展的后勤保障，这份回报有时是物质保障，更多的时候和更重要的体现却是公司的态度，是公司对待各种人和各种行为的态度，这个态度会影响到员工将来的工作。

陈庆亮说现在已经完全没有刚进公司的那股干劲了，总是感觉到公司的管理上存在着很大缺陷。虽然自己付出很多，成果也很不错，但是明显感觉到在公司干多干少一个样，干好干坏一个样，自己也就没有必要傻乎乎地拼命付出了。

原来在外面碰到各种各样的困难时，为了完成事业，陈庆亮会想方设法去克服困难，完成项目目标，但是现在他却不再那么用心，根本不在乎单子签成了多少。因为他发现，公司后勤根本跟不上，除了费用方面的困难，在款项收付方面更是难以逾越的障碍。财务部会在收的方面、付的方面及各个环节当中提出很多问题由他来解决，而不是给他以支持。他必须自己去办理财务的相关事务，自己去银行解决支票和汇付事宜，自己跟客户沟通解决发票问题。原本是财务需要处理的后勤问题反而成了他需要解决的问题，没过多久之后，他就从这家公司辞职了。他走之后没多久，公司也因为这个原因而导致关门大吉。

## 马上行动

俗话说，兵马未动，粮草先行，这充分说明了作为"先行官"的后勤工作之重要。在战时，后勤保障可靠与否往往决定着战争的胜负，古往今来，概莫能外。在古代，因断敌粮草而克敌制胜的战例也举不胜举。在现代企业管理中，后勤跟不上往往会打击销售人员以及其他工作人员的工作积极性，也会像粮草不继一样引发一系列的问题，最后还会有可能会对企业造成巨大的损失，所以说后勤保障一定要跟上，千万不可大意。

# 4. "救火队员" 在你焦头烂额的时候能献计献策

> "救火队员" 可能不会参与到公司的日常工作中来，但是却会在公司遭遇极大的困难时，则会挺身而出，帮助公司解决困难，称得上"救火队员"的员工，是每个企业最为宝贵的财富。
>
> ——钱伯斯

生物学家们研究发现，在以勤奋著称的蚂蚁群中也有许多很懒的蚂蚁。当别的蚂蚁都在辛勤工作的时候，这些懒蚂蚁只是无所事事地到处闲逛。勤奋的蚂蚁为什么要养活这些"懒蚂蚁"呢？生物学家通过一次实验，揭示了其中的奥秘。首先，他们在懒蚂蚁身上做了标记，然后断绝了蚁群的食物来源，观察蚂蚁们的反应。结果，那些勤奋的蚂蚁就像爬上了热锅一样，显得不知所措，而那些懒蚂蚁则成为蚁群的首领，带领伙伴向它们平时侦察到的新食物源的方向转移。接着，生物学家把这些懒蚂蚁从蚁群中全部抓走，结果惊讶地发现，几乎所有的蚂蚁都停止了工作，乱作一团。直到把那些懒蚂蚁放回去以后，蚁群才又进入正常的工作状态。

生物学家们由此得出结论：懒蚂蚁在蚁群中拥有特殊的地位，它们能发现组织的薄弱之处，当蚁群遭遇生存危机时，它们能带领蚁群走出困境，使自己成为蚁群中不可替代的一员。其实在单位里，也有类似"懒蚂蚁"的员工。他们平时看起来很悠闲，而老板却愿意给他很高的薪水，并且常常赞赏有加。这种员工是不可替代的员工，他们也许没有任劳任怨的勤奋工作态度，但是却有处理危机的超强能力。具备这种能力的人，被形象地称为"救火队员"。很多大型企业中都有类似懒蚂蚁之类的救火队员。

2002年，美国经济步入短暂的萧条期，"9·11"恐怖袭击事件也给美国航空业造成的严重打击，公司规模无限度膨胀的"ATA航空公司"出现了严重的客流量下滑、赢利额下降、亏损度猛增的经营现状，企业一步一步走向衰败。为了早日将"ATA航空公司"从濒临破产的边缘拉回，"ATA航空公司"的上上下下，异口同声地恳请退居二线的乔治·麦克森再度出山，带领大家共度难关。

颐养天年的乔治·麦克森得到消息之后，主动结束了高枕无忧的半退休悠闲时光，重返"ATA航空公司"CEO之位，开始了"救亡图存"的征战厮杀。他以"美国航空运输委员会"提供的10亿美元贷款担保为靠山，以"大幅度削减成本"为利剑，全力改革漏洞百出的经营管理体制，竭力消除经营管理中种种弊端，尽力以最小投入换得最大产出的超值效率。经过一年多没日没夜的艰辛运作，到了2003年第一季度，"ATA航空公司"终于一扫晦气，不仅成为美国航空业界赢利的两家航空公司之一，成功终于摆脱了实施破产保护的窘境。乔治·麦克森便是这家航空公司的救火队员，他平时处于半退休的状态，而一旦公司出现状况后，就会出山为公司排忧解难，带领公司冲出重围。

**在任何企业，不管是大企业还是小企业，都需要这样的"救火队员"。他们平时不显山、不露水，一旦企业遭遇困境，需要有人力挽狂澜的时候，他们才彰显出自己不可替代的价值。**

在20世纪70年代，世界上曾出现一种舆论，说雀巢食品的畅销，使发展中国家母乳哺育率下降，直接导致婴儿死亡率的上升。到80年代，在世界范围内更形成一场抵制雀巢奶粉及其他食品的运动。

雀巢公司面临如此重大危机，不得不重金聘请著名的公关专家帕根来研究对策，帕根立即着手展开调查。他发现，这次危机的根源，在于雀巢公司以大企业、老品牌自居，与公众缺乏信息交流。据此，帕根制定出一个详细的公共关系计划，呈报给公司董事会。帕根把行动重点放在了抵制最强烈的美国，虚心听取社会各界对雀巢公司的批评意见，开展大规模的游说活动。同时组织有权威的听证委员会，审查雀巢公司的销售行为，使舆论逐渐改变了态度。

在此基础上，帕根建议公司开拓发展中国家的市场。他建议不要把发展中国家单纯看成产品市场，而要从建立互利互惠的关系着手。于是，雀巢公司每年用 60 亿瑞士法郎从发展中国家购买原料，每年拨出 8 万瑞士法郎，帮助这些国家提高农产品的质量。同时，还聘请 100 多名专家，在发展中国家举办各种职业培训班。

这一系列活动，使雀巢公司在发展中国家树立起良好的形象，销路大增，很快，雀巢公司的年营业额雄居世界食品工业之首。

而老牌复印机生产商施乐公司也是因为有一个"救火队员"的及时抢救而免于破产的。2001 年 8 月，安妮·马尔卡希被施乐公司董事会任命为已经近乎穷途末路的施乐公司总裁兼 CEO。公司当时已经丢掉了 90% 的市场份额，所有人都认为倒闭在所难免。但是所有人都没有想到的是，仅仅在三年之后，马尔卡希这个救火队员便带领施乐公司成功走出困境，杀回市场，把丢失的市场份额大都抢了回来。

## 马上行动

企业在发展过程中肯定会遇到意料不到的事情，就像房子突然之间便着起了火一样，令人不可预料又措手不及。这时企业便需要优秀的救火队员来救火。而正如消防队员对一个城市是必须的服务人员一样，企业也要准备自己的"救火队员"，以免在突然着火时没有救火队员及时将其扑灭。

## 5. 谁帮你看管钱袋子，这是性命攸关的事

> 吃不穷，喝不穷，算计不到就受穷。
>
> ——谚语

在一个团队中，掌管钱财的人也是非常重要的。很多时候，财务会关系到公司的生死存亡，所以，一定要找到一个合适的管理财务的帮手。汉武帝登基之后，开始对匈奴发动战争，在大将卫青、霍去病等人的率领下，汉军数次大败匈奴军，解除了匈奴对汉朝的威胁。但是因为数次发动大规模的战争，国库变得十分空虚，几乎不能支持朝廷的日常开支。

武帝元狩三年（即公元前120年），因为桑弘羊善于计算经济问题，汉武帝让他帮助东郭咸阳和孔仅估算研究盐铁官营的规划。由国家垄断盐铁的生产，不许私人经营，这一政策在经济上取得了成效，桑弘羊被提拔为大农丞，越来越受到汉武帝的重用。后来武帝又推行算缗与告缗。算缗是向商人征收的一种财产税，告缗是与商人瞒产漏税作斗争的方法。桑弘羊出任大农丞后，全国雷厉风行地加以推行。之后桑弘羊又为武帝谋划了许多征收财务的方法，将国库的亏空补足了。桑弘羊成为武帝一朝中掌管财务的主要人物，为武帝看管钱袋子，为他统治天下立下了很大的功劳。

一个国家需要一个得力的助手来管理财务，一个企业当然也十分需要一个得力的助手来掌管钱财了。**民间有句俗语叫"吃不穷，喝不穷，算计不到就受穷"**，意思是过日子得精打细算，减少不必要

的开支。这几乎是每个家庭里"管家婆"的家政必修课。其实，经营一个企业跟居家过日子一样，能有一个会"算计"，能够管理好财务的人是十分重要的。一般来说，企业的财务管理者都是由企业主自己来进行，但是有的时候企业主因为工作过于繁忙，不能进行财务的管理，或者企业主本人并不适合管理财务，那么就需要找一个得力的助手来进行财务的管理。

所以，企业领导需要寻找一个掌管财务的人才。企业应该如何挑选管理财务的人呢？一般来说，当然要找理财能力强的人才，但是，财务关系到公司的生死存亡，所以忠心应该是第一位的。如果一个人理财能力相当强，但是并不能忠心，那么也不能让他来理财；如果一个人的理财能力稍微差一点，但是绝对信得过，这种人便是管理财务的好助手。

除了忠心之外，财务管理者应该具备哪些素质呢？总地说来，至少要具备以下四点：

一、要有节约意识。虽然钱不是省出来的，但是能省则省是一个十分重要的财务管理原则。财务管理者必须要懂得节省。因为节省是十分重要的。据报载：2009 年以来，内蒙古大唐国际托克托发电公司结合自身特点、所处理财环境和不同的资金需求，积极研究、探索资金管理策略，并抓住目前货币政策趋于宽松的有利时机，六措并举，逐步降低财务费用。截至 11 月份，该公司累计节约资金约 1.2 亿元。由此可见，节约是多么地重要，所以财务管理者一定要注意节约。

二、充分利用现有资源。财务管理其实并不仅仅是管理钱财，而且还要对公司的资源进行合理的管理与利用。比如复印纸可以用正反面；包装用的牛皮纸可以反复用；网上可以下载的资料就不要去花钱买；单位里有人懂电脑就不要再另请人来上门维修了，等等这些都是充分利用现有资源的典型表现。

三、不占企业的便宜。有一个笑话说：有人单日从公司装一饭盒水泥回家，双日从公司拿一块砖回家，积十年之功给家里建了一个厨房。这些人习惯"顺手牵羊"，一支笔、一个本子、一叠复印纸、一个鼠标，趁人不备就私吞了。且不说"人品问题"，单就成本来说，这种人就是企业的大蛀虫。企业的财务管理者一定不要有这样的毛病，不然将会对企业产生巨大的危害，因为管理财务的天天与钱打交道，如果喜欢贪小便宜，那么就不是一块砖、一支笔、一个本子的问题了。如果不小心用了这种人，下次新闻报道的会计挟款潜逃的新闻就应该出自你的公司了。

广东一家服装公司要参加一次大型的展会，需要一批宣传资料。老板叫来秘书小艾，请她尽快去联系印刷厂印制宣传材料。小艾听到发现一个问题，就对老板说："上次展会还剩下好多资料，可以用那些吗？这样就可以省下很多印刷费用。"

老板回答："那你就核对一下，看看内容是不是一样。"

小艾便找出资料进行核对，发现绝大部分内容都一样，只有一个电话号码变了。

老板说："那没办法，就重印吧。"

小艾还是觉得很可惜，那么多资料，就因为一个电话号码变了就不能用了，实在浪费。而且重印的话要花很多钱，还需要很长时间。于是，她灵机一动，想了个"废物利用"的办法。她用不干胶把改动的号码整整齐齐地贴起来，换上新的号码，一点都看不出来修改的痕迹。小艾向老板请示了一下，老板开始还有点犹豫。小艾就把自己已经做好的一份材料给老板看，老板十二分地满意。不到两个小时的时间，小艾就把资料准备好了。

老板赞扬了小艾一番。展会后，老板还就这件事召开了一个小型会议。在会上，老板说："小艾的创意非常妙，虽然节省的钱不多，但是可以看出她已经将节约当成了自己的责任，主动去想办法为公司节约，如果大家都像她那样视节约为己任，那么公司就不愁发展了。"从此以后小艾成了老板眼前的红人、员工工作的标杆，后来老板得知她还自学过会计学，就把她调到了财务科，主管公司的财务工作。而她也在这个新职位上干得十分出色。

财务的管理相当重要，财权是命脉，一般来说要由一个团队的领袖来管理，但是如果这个人实在忙不过来，或者实在不懂管理财务，就一定要找一个最忠心的人。哪怕他的财务管理专业技术相对低一些，只要信得过，就比那种很会管钱但是不服从管理的人强得多。

## 马上行动

财权是企业的命门，可以说是重中之重，因此作为一个企业主选择合适的财务管理者是相当重要的。财务管理者首先要具备的特点就是值得信任。此外，如果能够有创意，能够为公司设计一些节省财务的方案，那就是好上加好；如果不能，也必须要是一个人品正直、不会占公司便宜的人。

## 6. 可以宽容伙伴的过失，但是绝对不能原谅他们的背叛

> 背叛了一次就会有第二次，当你背叛别人时，你也背叛了自己。
>
> ——曼莫汉·辛格

刘朝霞在大学毕业后到一家国企工作，性格开朗的她开始并不

喜欢自己的工作。因为那是一个稳定但枯燥，轻松但又缺少刺激的工作。但是在她一段时间后，渐渐适应了这样的生活节奏，能安心本职工作了。同事张玉莺与她一同到公司来工作的，因为年龄相仿，志趣相投，所以经常同进同出，两个人谈天说笑，日子也过得有滋有味，简单快乐。只是，小灵在平时一些人或事的看法上总是比我成熟全面，所以她常常是拿主意的那个人。但是刘朝霞的文笔和英语都很好，所以，工作时领导会更器重她，有次公司有两个去国外访问的名额，一个给了主任，另一个领导决定派她去。主任为了让她高兴，在还未公布前就将这个消息悄悄地告诉了她。

兴奋过头的她转身就把消息告诉了张玉莺。可是几天之后，主任告诉她因为有人对这次人员安排有异议，为了顾及到大家的工作积极性，领导决定有必要对这个决定再慎重考虑。

最后，名额给了同室的另一个各方面都不及她的同事。她虽然很愤怒，但是也没有办法，只好接受现实。之后，一个偶然的机会，她得知提出异议的人居然是张玉莺。最后，领导为了息事宁人，所以把我们俩都排除在外。知道这事后，她非常难过，不几天就辞职离去，因为她不能容忍别人的背叛。

四川成中集团公司总裁郑春霞认为："最不能容忍的就是员工对企业的不忠诚。现代企业讲究的是团队协作，企业和员工是一个共生共荣的合作体，彼此应该坦率真诚，因此，虚伪和背叛将是企业最不能容忍的。"人在职场，很容易被人算计，在办公室斗争中，大多数人都能够防住对手，但是却很难防范"朋友"的背叛。**在职场中奋斗的人能够容忍他人的过失，但是却不能容忍对方的背叛。因为过失是无心的，可以改正，而背叛则是有意的，是人品问题，是一个非常严重的问题。**信任是人类各种关系成功的基础，有了信任，职场和人际关系才得以存在，要是缺失信任，关系也会跟着寸步难行。所以，宁可容忍他人大的过失，也绝对不能容忍对方的小小背叛。

但是我们应当如何定义职场背叛呢？所谓的职场背叛有这样两种情况：

其一，有很多我们认为的背叛，其实只是对方在某些情况下跟我们持不同的观点罢了。只要他们不是出于恶意，都不应该称为背叛。他们这样做只能算是"君子和而不同，是一种善意的行为，千万不能产生误解。

其二，如果对方为了自己的利益和私欲恶意地伤害，不是出于客观的批评，那也许就是我们所说的职场背叛了。一旦发生这样的事情，如果能及时补救，抓紧补救，以避免因此而对自己造成的损失。而如果不能补救，也最好能够尽快地弄清原委，千万不要被人卖了还把对方当好人。重中之重的是，如果发现有人背叛了自己，要立马与之划清界线，坚决不能再给其背叛自己的二次机会。

因为利益的相关，现在职场中人际关系越来越复杂，如果真的遭遇职场背叛，也不必做出过激的反应，一定要泰然处之，不要畏惧流言和成见。清者自清，如果你本身没有错，就没有必要去报复背叛自己的人，因为谣言止于智者，谎言不攻自破。

每个人都有可能遭遇职场背叛，而其实遭遇职场背叛的人，都有很多共同的特点，你想测试一下被人出卖的几率有多高吗？做做下面的小测试吧。下面的问题，符合你的情况的就答"是"，不符合或不确定的就答"否"。

一、对和你有相同背景的人特别好：你常不自觉地对同乡、同姓、同校毕业、同血型星座或同样成长历程的人特别有好感，这可能会让你在无意中附和对方，而反遭利用。

二、对于别人对自己提出的要求，往往不知道拒绝，有些时候为了怕拒绝别人而委屈自己。

三、只要别人一对自己好，就特别感动，老想着要回报对方。

　　四、如果同事在聊天时谈到对公司里其他人的看法，会忍不住把自己平时对某人的不满发泄出来。殊不知，对方很有可能把你的话传递给某人。

　　五、总觉得自己朋友很多，很讲义气，但是真正需要朋友帮助的时候，才发现自己的朋友少得可怜。

　　六、平时跟朋友在一起，总是说得多，听得少。

　　七、把自己的私事告诉同事，并且不分亲疏。

　　以上七项中只要超过三项"是"，就说明你很容易遭遇职场背叛！这时的你就一定要小心了，千万不要因为一时的大意而被他人出卖。

 马上行动

　　过失是由于一时疏忽或者能力不及造成的，可以在以后的工作中改正，但背叛却是品质问题，不能原谅。《杜拉拉升职记》里有一句著名的话是：你只要欺骗我一次，你就是不值得信任的人。所以，可以容忍他人的过失，但是坚决不能容忍他人的背叛。

成功没有固定的模式、没有条条框框的束缚、没有一条既定俗成的道路，而是一个要根据自身的特点逐步完善的过程。如果看到别人的成功就去模仿，也许会暂时取得一定的成功，但是却不会长远，所以说，成功的设计需要独特的创意，不要去复制别人的成功。因为你的个人能力与特点，与他人不同，你所处的环境也与他人不同。既然如此不同，那么就要独辟新径，用最好的创意为自己设计出最好的成功来。

成功没有既定模式，
    没有创意的设计不是好设计

第十章

## 1. 墨守成规，不进则退，打破你的惯性思维

> 有些事人们之所以不去做，只是他们认为不可能。而许多不可能，只存在于人的想象之中。
>
> ——亚伯拉罕·林肯

成功学大师拿破仑·希尔说："'心想事成'这话非常正确，如果把心中的理想与坚定的目标、坚韧的毅力和强烈的信念结合在一起，去成就财富或者其他的利益目标，就一定能成就大事。"很多时候，一些看似不可能的事，往往并不是真的不可能，而只是人们在自己的心里已经形成了一个错误的判断、一种惯性的思维，所以还没有去做就会认为不可能，而不敢去做，不敢去打破自己固有的思维。很多事情的成功与失败，往往就是在自己的思维中形成的一种观念。如果在思维中树立了可能的信念，那么就会使可能变成事实，而如果认为根本不可能，那么就一定不会取得成功。

1862年9月，美国总统亚伯拉罕·林肯发表了《解放黑奴宣言》，这是美国历史上的一个伟大创举。有一位记者就此去采访林肯，他当时问："据我所知，上两届总统也都想过废除黑奴制，《宣言》早在他们那时就起草了，可是他们都没有签署它。他们是不是想把这一伟业留给您去成就英名呢？"林肯随便回答说："可能吧。不过，如果他们知道拿起笔需要的仅是一点勇气，我想他们一定非常懊丧。"说完这话就匆匆地走了。这位记者一直没有明白这番话的

含义。直到后来，人们才在林肯留下的一封信里找到了答案。

林肯在给朋友的一封信中讲述了自己幼年时的一件事："我的父亲曾经以较低的价格买下了西雅图的一处农场，地上有很多石头。母亲建议把石头搬走，但是父亲说：'如果这些石头可以搬走的话，那原来的农场主早就搬走了，他也就不会把地卖给我们了。这些石头都是一座座小山头，与大山连着，哪里搬得完呢?'有一天，父亲进城买马去了，母亲带着我们在农场劳动。她说：'让我们把这些碍事的石头搬走，好吗?'于是我们就开始挖那一块块石头。不长的时间，我们就把石头搬光了。因为它们并不像父亲想像的那样，是一座座小山头，而是一块块孤零零的石块。只要往下挖一英尺，就可以把它们晃动的。"林肯在信的末尾说："有些事人们之所以不去做，只是他们认为不可能。而许多不可能，只存在于人的想象之中。"

这堆石头在那里已经堆了很久，历任的庄园主都认为那为一个小山，不能清理干净，所以新的庄园主也就以为是一座小山，墨守陈规，不去清理，结果一直到林肯的母亲时，才有人敢于打破常规。通常情况下，我们会发现阻碍人们去发现、去创造的，不是现实中的障碍，而是自己心理上的障碍和思想中的顽石，是人的惯性思维在阻碍自己前进的脚步。其实，有的时候，越是一般人认为不可能做到的事情，其实越有做到的可能性。我们也经常会发现许多事情虽然在意料之外，但是却又在情理之中。大家都因为形成了固定的思维，所以都认为不可能，必然也就不会有人去关注，而当有人去关注，想要解决这个问题时，这些人不但不会支持，反而会一致认为这是异想天开。因为他们认为既然自己做不到，大家也都认为做不到，那么就没有可能。但是"事上无难事，只怕有心人"。只要敢于打破惯性的思维，坚持自己的行动，世上就没有什么不可能办到的事。许多事情客观上并没有"不可能"，所有的"不可能"都是主观因素在作祟。

"不可能"只是人的主观思维，只要打破了这种思维，就会变得"一切皆有可能"。有人说："自己把自己说服了，是一种理智的胜利。"人最大的敌人是自己，对于我们的思维也是如此。一个人只有自己从思维上战胜自己，才能战胜他人、战胜挫折，无往而不胜。

思维决定行动，正确的思维必然导向成功，而错误的思维则一定会导致失败。有一位撑杆跳的运动员，一直苦练都无法越过某个高度。后来他在失望之余，只好对教练说："我实在跳不过去。"教练就问他："你心里怎么想的？"他回答说："我一站到起跑线上，看到那个高度就觉得我跳不过去。"教练跟他说："你一定可以跳过去。把你的心从杆上跳过去，你的身体也会跟着过去。"结果他照着教练所说的想了并且去做了，结果一下子就跳过去了。如果一开始就认为自己不可能，就会失去信心，也就会把"可能"变成了不可能，而如果认为可能，则就会将原本不可能的变成了可能。人们之所以墨守陈规，不是因为能力不足，也不是因为事情很难做到，而是因为已经形成了一种错误的思维方式，认为自己没有去做，或者别人没有去做的事情是不可能。但是有的时候，只要你打破惯性的思维，稍微拿出一点勇气来，也许就会取得意想不到的成功。

## 马上行动

那些固步自封，不思进取的人往往是囿于思维的惯性。人们的思维决定其行动，正确的思维导向成功，错误的思维导致失败。要有所创新、有所突破，就要跳出思维定势，以正确的思维为指导，运用正确的切实可行的方法，以最大的努力付诸实践，就一定能将够打破僵局，迅速取得成功。

## 2. 你过去的经验是不是应该适当地换一换了

> 在许多的事情前面，不要相信过去的经验，不管是亲眼所见还是亲耳听说的东西，都有可能不是原来的样子，因为世界每时每刻都处于变化之中。
>
> ——刘墉

"任何人只要做一点有用的事，总会有一点报酬，这种报酬是经验。这是最有价值的东西，也是人家抢不去的东西。成功者与失败者之间的区别，常在于成功者能由经验中获得益处，并以不同的方式再尝试。"有人是这样来定义经验的。所谓"经验"，也可以说是经历过时间与事实检验过的方法和观念，但是经验并不总是可以用来解决问题的，尤其是在如今一个风云变幻的环境下，很多事情都在不断地发生着变化，根本没有固定的规律可循。可以说，过去的经验根本经不起明天的考验，可是很多人却仍然在犯着经验主义的错误。所谓经验主义是一种形而上学的思想方法和工作作风。其特点是在观察和处理问题的时候，从狭隘的经验出发，不去根据实际情况，运用自己的思维能力，采取联系、发展、全面的观点，找出正确地解决问题的方法，而是采取孤立、静止、片面的观点，因此必然会造成一些本应该可以避免的错误，导致失败。

传说在浩瀚无际的沙漠深处，有一座埋藏着许多宝藏的古城。人们要想获取宝藏，必须穿越沙漠，战胜沿途的重重困难。很多人对那价值连城的财宝心驰神往，但是却没有人有足够的勇气和胆量去征服沙漠以及杀机四伏的重重陷阱，因此这批珍贵的财宝，就在沙漠古城里埋藏了一代又一代。有一天，一个勇敢的小伙子听他的爷爷讲了这个神奇的传说，便决定去寻宝。这位勇士准备了干粮和水，独自踏上了漫长的寻宝之路。为了在返程的时不致迷失方向，他每走出一段路，便在地上做上一个明显的标记。虽然路上到处都充满艰险，但是他最终还是找出了一条路。然而就他看到了古城时，这个勇敢的人却因为过于兴奋而一脚踏进爬满毒蛇的陷阱。

过了许多年之后，又有一个勇敢的寻宝人出发了，在沿途他看到前人留下的标记，心想：这一定是有人走过的，既然标记在延伸，说明指路人安全地走下去了，这条路一定没错。沿着标记走了一大段路，他欣然发现路上果然没有任何危险。于是就放心大胆地往前走，越走越高兴，结果一不留神，也掉进同一个陷阱，也成了毒蛇的腹中物。

第三个勇士走进沙漠之后，也看到了前人留下的标记。但是他并没有高兴，而是想：这些标记可不能轻信，不然前两个寻宝者为什么都一去不回了呢？于是他就凭借自己的智慧，在沙漠中重新开辟了一条道路，最终战胜了重重险阻，抵达古城，获得了宝藏。第三个寻宝者在临终前告诫自己的儿孙："前人走过的路，并不一定通往胜利，不可完全迷信经验！"

经验有助于成功，但是经验并不是万能的，它也可能导致失败。因为所有的事情都是在不断变化着的，昨天取得成功的方法在今天不一定会同样奏效。过分依赖以往的经验，形成唯经验是从的思维定势往往是导致失败的主要原因。一位旅行者在乡间看到一位老农把一头大水牛拴在一根小木桩上，就走上前对老农说："老伯，它会跑掉的。"老农呵呵一笑，语气十分肯定地说："它不会跑掉的，从来都是这样的。"旅行者问："为什么会这样呢？这么一根小木桩，牛只要稍用点力，不就拔出来了吗?"老农靠近他说:"小伙子，我告诉你，当这头牛还是小牛的时候，就被拴在这根木桩上了。刚开始它不是那么老实，有时想从木桩上挣脱，但那时它的力气小，折腾了一阵子还是在原地打转，见没法子，它就蔫儿了。后来，它长大了，却再也没心思跟这根木桩斗了。有一次，我拿草料来喂它，故意把草料放在它脖子伸不到的地方，我想它肯定会挣脱木桩去吃草的，可它没有，只是叫了两声，就站在原地望着草料了。"实际上，约束这头水牛的并不是那根小小的木桩，而是它多年来的经验所形成的一种观念。

**经验对人们的事业成功有很大的帮助，但是如果过于迷信经验则会影响我们的判断。当一个人迷信经验时，就已经使自己的思维陷入了死角，这时智力就会在常识之下。**当我们面临新问题时，建立在以往经验和知识基础之上的思维模式往往会对我们产生消极影响，成为我们行为的障碍。因此，我们只有充分认识到思维世界里存在的这个死角，才能逐渐超越旧有思维模式，走出思维惯性，取得成功。

## 马上行动

经验是捷径，能够给人提供方便，使人们少走弯路，有助于个人的事业成功，但是经验并不是"屡试不爽"的，有时也会"不灵"，因为没有事情是一成不变的。丘吉尔说:"最容易通向惨败之路的莫过于模仿以往英雄们的计划，把它用于新的情况中。"昨天能够助人取得成功的方法，今天就有可能导致失败。我们要注意并运用经验，但是也不能迷信，一定要记住，昨天的经验并不一定就能经得起今天的考验。

## 3. 高瞻远瞩，看得越高，走得越远

> 很多人终其一生总在原地踏步，只因目光过于短浅。
>
> ——拿破仑·希尔

　　有人说，人的种族优越性在于思维、在于有想法。人是会思考的动物，知道自己会成为什么样的人，这是善于模仿人类行为的动物，比如猩猩永远做不到的，因为动物没有这种高深的思维。虽然人是会思考的动物，每个人都有其单独的思维，但这并不是说每个人都能很好地运用自己的思维。事实上，大多数人在面对问题时，并没有认真地运用自己的思维，而是单纯地把"一时的想法"称之为解决问题的策略，甚至有的人根本连想都不想，只是脑中闪过一个念头，就让它来解决问题。

　　一个人在成功之路上会走多远，往往取决于他能够看到多远，能够有多长远的目光。拿破仑·希尔说："很多人终其一生总在原地踏步，只因目光过于短浅。"一个目光短浅的人，只看到了眼前，而看不到长远的未来，不是因为他不想为自己的未来做打算，更不是因为他不想自己的人生会更加美好，而是因为他没有思维的深度与广度。这些人并不是没有足够的才能与智慧，而是没有足够的思维深度来给自己一个良好的定位，所以没有取得成功，或者没有取得自己预期的成功。一个成功者则是有着超人的才能，更有着超前的意识，思维深刻、宽广，只因如此，他们才能在成功的路上越走

越远。

一般来说，能够看得高，走得远的人都是高瞻远瞩的人，都是非常有远见卓识的人，只有有远见卓识的人才会看得高远，走得长远。

**目光短浅的人缺乏远见，他们把着眼点仅仅放在眼前很小的一片安全地带，对事情的发展没有全面的、长期的考虑，也就不会想出多有创意、多够持久的高招来。这样的人还容易被蝇头小利诱惑，因小失大，看不到长远的发展，对未来没有信心把握，甚至根本就没想到把握未来的事情。因此，他们容易被眼前的一些蝇头小利所诱惑，往往因小失大。**

二战时期，德国纳粹空军元帅戈林是仅次于希特勒的纳粹二号人物，但他却是一个鼠目寸光的人。因为他的种种失误，给德军带来了致命的灾难。1942年初，戈林收到一份发自波罗的海海岸秘密实验站的绝密电报。在电报中，德军工程师罗森施泰因详尽地描述了他在实验中利用偶极子可以抵消雷达信号的发现，并提出了制造干扰对方雷达的新式电子武器的设想。罗森施泰因的发现使戈林又喜又惊，因为英国海空军的雷达曾一度使他大伤脑筋，如果能干扰雷达，这无疑等于挖掉了对方的眼睛。可是戈林却转念一想，德军保卫本土也要依赖雷达，如果这一新技术被英军获取并利用，必然会祸及自身。他犹豫再三之后，觉得最好现在趁英军还不能发现这一秘密的时候，把这一科技发明藏匿起来，便下令烧毁了所有相关技术报告。而几乎与此同时，英国科学家科兰博士也在实验中得到了这一新发现。英军则立刻将这一技术应用到军事上来，很快就以金属箔制造了一种代号为"月光"的电子装置，并在1943年7月27日对汉堡的大空袭中，把这一新装置用于实战，使汉堡遭到了毁灭性的轰击。

把科学技术的新成就用于军事，必然产生新的装备和新的战术，这是一种高瞻远瞩的行为，因为科技对战争产生的影响越来越巨大，在现代战争中，战场的主动权常常归属于科技上的捷足先登者。封锁或忽视新技术的运用，貌似在保护自己，实际上则是目光短浅的表现，给自己的军队埋下了失败的祸根。戈林企图藏匿新技术的愚蠢行为，恰恰就像把头钻进沙堆的鸵鸟那样蠢笨，他没有长远眼光。

戈林短浅的目光不仅表现在这一方面，在航空母舰上的建造与使用上，他也是愚蠢而短视，更是没有远见的。当时各主要交战国都拥有各种型号的航母上百艘，而纳粹德国居然连一艘也没有。有人说，纳粹德国能够在陆战场上以"闪击战"横扫欧洲，若再拥有几艘航母，投入到大西洋战场，战争的局面将会大为改观。时任德国空军元帅的戈林以"空权"强烈反对海军拥有航空兵，唯恐因此而分散其对空军力量的专断权。戈林曾多次扬言："一切会飞的东西都属于我！"他甚至威胁海军说，即使正在建设中的"齐伯林伯爵"号航母竣工也不配给它舰载飞机，即使是在1942年，德国海军曾把两艘大型邮船"欧罗巴"号和"波茨坦"号改装成辅助航母，也因为得不到合适的舰载飞机而前功尽弃。就这样，狂妄自大而又鼠目寸光的戈林亲手断送了德国纳粹海军的航母梦，并使德国在海战中一直不是盟军的对手，导致了失败。

一个好的创意，比如将先进技术应用来侦测雷达，建造航母来加强海军实力，都能够对军事产生巨大的影响，但是因为领导者的短视而做出了错误的选择，造成了失误，甚至导致了最终的失败。

一个人具有了独特的创意才能走得久远，有了长远的目光才会有独特的创意，取得别人无法超越的成功，所谓"一招鲜，吃遍天"。在一条街上，有人先卖起了烤肉串，生意火爆，于是大家就一拥而上，都来卖烤肉串，结果大家的生意都不好。这就是典型的目光短浅的做法，他们看不到烤肉串好卖了，啤酒、花生豆、凤爪等等小吃也会卖得不错。目光短浅的人永远局限在眼前，也许能够取得一时的成功，但是绝对难以长久。因此，一个人一定要有长远的目光，能够高瞻远瞩地去看问题，使自己走在成功道路的最前列。

马上行动

你能走多远不是取决于你的脚力，而是取决于你能看多远，有长远的目光是事业成功的保障。只有能够看到别人所看不到的，才能有好的创意，只有有好的创意才能取得与众不同的成功，才能使你的成功更加难以被人超越。所以，无论作为个人还是企业，都要有长远的目光，能够高瞻远瞩地看问题。

## 4. 创意不是凭空想象，是化有招为无招

> 创意是今后决胜企业成败的不二法门。
>
> ——《创意就是财富》作者郭泰

联合利华集团引进了一条香皂包装生产线，结果发现这条生产线有个缺陷：常常会有的盒子里没装香皂。他们请了一个学自动化的博士设计一个方案来分拣空的香皂盒，博士拉起了一个十几人的科研攻关小组，综合采用了机械、微电子、自动化、X射线探测等技术，花了几十万元，成功解决了问题。每当生产线上有空香皂盒通过，两旁的探测器会检测到，并且驱动一只机械手把空皂盒推走。中国南方有个乡镇企业也买了同样的生产线，老板发现这个问题后

大为光火，找了个小工来说：你给我把这个搞定，不然就给我滚蛋。小工很快想出了办法：他在生产线旁边放了台电风扇猛吹，空皂盒自然就被吹走了。

在美国太空总署第一次派宇航员上太空时，他们很快发现圆珠笔无法在零重力的情况下工作。为了解决这个问题，美国太空总署花了 10 年时间和 120 亿美元研发了一种可以在零重力，倒置，水下，和几乎一切表面包括玻璃下书写，温度范围从 0 摄氏度到 300 摄氏度的钢笔。而俄国人用铅笔。

博士与小工，美国与俄国，面对同样的事情却有不同的反应与解决方法。博士与美国的作法是循规蹈矩的，但是却是没有创意的，所以才会浪费了很多的物力与人力解决了一个的问题。因此，解决问题、尤其是解决一些难题应该选择有创意的解决方法。**有人认为创意是可遇而不可求的，是凭空想象出来的，其实是错误的，创意并不是凭空而来的，而是有一定的规律的。**创意是有训练方法的，一般来说，训练自己的创意有以下十几种方法可以进行：

**一、脑力激荡法**

脑力激荡法是最为人所熟悉的创意思维策略，该方法是于 1937 年由奥斯本所倡导，此法强调集体思考的方法，着重互相激发思考，鼓励参加者于指定时间内，构想出大量的意念，并从中引发新颖的构思。脑力激荡法虽然主要以团体方式进行，但也可于个人思考问题和探索解决方法时，运用此法激发思考。该法的基本原理是：只专心提出构想而不加以评价；不局限思考的空间，鼓励想出越多主意越好。

此后的改良式脑力激荡法是指运用脑力激荡法的精神或原则，在团体中激发参加者的创意。

**二、三三两两讨论法**

此法可归纳为每两人或三人自由成组，在三分钟中限时内，就讨论的主题，互相交流意见及分享。三分钟后，再回到团体中作汇报。

### 三、六六讨论法

六六讨论法是以脑力激荡法作基础的团体式讨论法。方法是将大团体分为六人一组，只进行六分钟的小组讨论，每人一分钟。然后再回到大团体中分享及做最终的评估。

### 四、心智图法

是一种刺激思维及帮助整合思想与信息的思考方法，也可说是一种观念图像化的思考策略。此法主要采用图志式的概念，以线条、图形、符号、颜色、文字、数字等各样方式，将意念和信息快速地以上述各种方式摘要下来，成为一幅心智图。结构上，具备开放性及系统性的特点，让使用者能自由地激发扩散性思维，发挥联想力，又能有层次地将各类想法组织起来，以刺激大脑做出各方面的反应，从而得以发挥全脑思考的多元化功能。

### 五、曼陀罗法

曼陀罗法是一种有助扩散性思维的思考策略，利用一幅像九宫格图，将主题写在中央，然后把由主题所引发的各种想法或联想写在其余的八个圈内，此法也可配合"六何法"从多方面进行思考。

### 六、逆向思考法

是可获得创造性构想的一种思考方法，此技法可分为七类，如能充分加以运用，创造性就可加倍提高了。

### 七、分合法

美国学者他的著作戈登于1961年在《分合法：创造能力的发展》一书中提出了一套团体问题解决的方法。这一方法主要是将原来不同并且也没有关联的元素加以整合，产生新的观念。分合法利用模拟与隐喻的作用，协助思考者分析问题以产生各种不同的观点。

### 八、属性列举法

这种方法是由克劳福德在 1954 年提倡的一种著名的创意思维策略，强调使用者在创造的过程中观察和分析事物或问题的特性或属性，然后针对每项特性提出改良或改变的构想。

**九、希望点列举法**

这是一种不断地提出"希望"、"怎样才能更好"等等的理想和愿望，进而探求解决问题和改善对策的技法。

**十、优点列举法**

这种方法则是一种逐一列出事物优点，进而探求解决问题和改善对策的方法。

**十一、缺点列举法**

这是一种不断地针对一项事物、检讨此一事物的各种缺点及缺漏，并进而探求解决问题和改善对策的技法。

**十二、检核表法**

检核表法是在考虑某一个问题时，先制成一览表，对每项检核方向逐一进行检查，以避免有所遗漏。此法可用来训练员工思考周密，及有助构想出新的意念。

**十三、七何检讨法（5W2H 检讨法）**

是"六何检讨法"的延伸，此法之优点及提示讨论者从不同的层面去思巧和解法问题。所谓 5W，是指：为何（Why）、何事（What）、何人（Who）、何时（When）、何地（Where）；2H 指：如何（How）、何价（How Much）。

**十四、目录法**

比较正统的名称是"强制关联法"，意指在考虑解决某一个问题时，一边翻阅资料性的目录，一边强迫性的把在眼前出现的信息和正在思考的主题联系起来，从中得到构想。

**十五、创意解难法**

美国学者帕内斯于 1967 提出了一种"创意解难"的教学模式，

此模式重点在于在解决问题的过程中，问题解决者应以有系统、有步骤的方法，找出解决问题的方案。

 马上行动

在这个以创新取胜的时代，创意是最为需要的，但是创意不是凭空而来的，也不是从天而降的，而是通过一定的训练来达到的。创意思维可以通过一系列的思维训练方法来提高。在多元化的社会，创意是最重要的，那么，进行创意思维的训练则是其基础。

## 5. 头脑风暴从哪里来，到哪里去

> 创意不是一个人的事情，也不是只靠一个人就能做到的。好的创意通常都是集思广益的结果，集中所有人的思维来共同设计出的方案，才是最好的创意。
>
> ——李开复

1991 年 4 月，芬兰赫尔辛基大学学生林纳斯·本纳第克特·托瓦兹不满意 Minix 教学用的操作系统，根据可在低档机上使用的 MINIX 设计了一个系统核心 Linux 0.01，并通过 USENET 宣布这是一个免费的系统，希望大家一起来将它完善，并将源代码放到了芬兰的 FTP 站点上任人免费下载。到如今，这一电脑系统经过全球智慧精英的锤炼，已经成为全人类共享的一种财富。

　　Linux 系统之所以成为全球共享的免费财富是在全球智慧精英的共同努力下完成的，也是在一种叫做"头脑风暴"的激励方法下完成的。那么什么是头脑风暴呢？头脑风暴又称智力激励法，是现代创造学奠基者美国人奥斯本提出的，是一种创造能力的集体训练法。**头脑风暴法把全体成员都组织在一起，使每个成员都毫无顾忌地发表自己的观念，既不怕别人的讥讽，也不怕别人的批评和指责，让与会者敞开心扉，使各种设想在相互碰撞中激起脑海的创造性风暴。头脑风暴是一种集体开发的创造性思维的方法。它是试图通过一定的讨论程序与规则来使创造性能够发挥到更大的一种方法。**所以，讨论程序是头脑风暴法能否有效实施的关键因素，从程序来说，组织头脑风暴法关键在于以下几个环节：

## 一、确定议题

　　一个好的头脑风暴法一般从对问题的准确阐明开始。因此，必须在会前确定一个目标，使与会者明确通过这次会议需要解决什么问题，同时不要限制可能的解决方案的范围。一般而言，比较具体的议题能使与会者较快地产生设想，主持人也较容易掌握；比较抽象和宏观的议题引发设想的时间较长，但设想的创造性也可能较强。

## 二、会前准备

　　为了使头脑风暴畅谈会的效率较高、效果较好，可在会前做一点准备工作。如收集一些资料预先给大家参考，以便与会者了解与议题有关的背景材料和外界动态。就参与者而言，在开会之前，对于要解决的问题一定要有所了解。会场可作适当布置，座位排成圆环形的环境往往比教室式的环境更为有利。此外，在头脑风暴会正式开始前还可以出一些创造力测验题供大家思考，以便活跃气氛，促进思维。

## 三、确定人选

　　一般以 8 人～12 人为宜，也可略有增减（5～15 人）。与会者人数太少不利于交流信息，激发思维；而人数太多则不容易掌握，并且每个人发言的机会相对减少，也会影响会场气氛。除特殊情况外，与会者的人数可不受上述限制。

## 四、明确分工

要推定一名主持人，1～2名记录员（秘书）。主持人的作用是在头脑风暴畅谈会开始时重申讨论的议题和纪律，在会议进程中启发引导，掌握进程。如通报会议进展情况，归纳某些发言的核心内容，提出自己的设想，活跃会场气氛，或者让大家静下来认真思索片刻再组织下一个发言高潮等。记录员应将与会者的所有设想都及时编号，简要记录，最好写在黑板等醒目处，让与会者能够看清。记录员也应随时提出自己的设想，切忌持旁观态度。

## 五、规定纪律

根据头脑风暴法的原则，可规定几条纪律，要求与会者遵守。如要集中注意力积极投入，不消极旁观；不要私下议论，以免影响他人的思考；发言要针对目标，开门见山，不要客套，也不必做过多的解释；与会之间相互尊重，平等相待，切忌相互褒贬等等。

## 六、掌握时间

会议时间由主持人掌握，不宜在会前定死。一般来说，以几十分钟为宜。时间太短与会者难以畅所欲言，太长则容易产生疲劳感，影响会议效果。经验表明，创造性较强的设想一般要在会议开始10分钟～15分钟后逐渐产生。美国创造学家帕内斯指出，会议时间最好安排在30～45分钟之间。倘若需要更长时间，就应把议题分解成几个小问题分别进行专题讨论。

头脑风暴是一种技能、一种艺术，头脑风暴的技能需要不断提高。如果想使头脑风暴保持高的绩效，必须每个月进行不止一次的头脑风暴。有活力的头脑风暴会议倾向于遵循一系列陡峭的"智能"曲线，开始动量缓慢地积聚，然后非常快，接着又开始进入平缓的时期。头脑风暴主持人应该懂得通过小心地提及并培育一个正在出现的话题，让创意在陡峭的"智能"曲线阶段自由形成。

头脑风暴提供了一种有效的就特定主题集中注意力与思想进行创造性沟通的方式，无论是对于学术主题探讨或日常事务的解决，都不失为一种可资借鉴的途径。唯需谨记的是使用者切不可拘泥于特定的形式，因为头脑风暴法是一种生动灵活的技法，应用这一技法的时候，完全可以并且应该根据与会者情况以及时间、地点、条件和主题的变化而有所变化，有所创新。

## 马上行动

头脑风暴是一种激发人的创新思维的方式，也是一种集思广益的创意产生方式。它集中了很多人的思维来共同完成一个创意，比单打独斗更容易成功。因为这样的创意生成方法会更全面、更周详，能够博采众长，得到更好的创意结果。

克雷洛夫说"现实是此岸,理想是彼岸,中间隔着湍急的河流,行动则是架在川上的桥梁。"虽说好的设计是成功的先决条件,但是如果只有设计,没有行动,也不会取得成功。再好的设计,也需要通过行动去执行。如果没有行动,那只能是一个空想家,永远也不会取得成功。所以如果你已经设计好了一切,那么就要将一切设计落实到行动上去,把所有设想都做到实处,只有这样才不会白费自己的设计,才能取得真正的成功,而不只是纸上谈兵。

不去落实的设计等于没有设计

第十一章

# 1. 早起的鸟有虫吃，行动快的人有奶酪

> 合抱之木，生于毫末；九层之台，起于累土；千里之行，始于足下。
>
> ——老子

英国有句谚语说："愿望只是美丽的彩虹，行动才是浇灌果实的雨水。"再美好的愿望，如果不去行动，也不可能变成现实。只有行动，才会使自己的一切愿意实现。皮特和卡特从小就在一个村子里长大，是无话不说的好朋友。他们住的村子一直缺水，在离村子很远的地方才有水，两人从很小的时候就开始一起从村外提水回家。这一提，就提了20多年。这么多年里，村子里也有很多人想过要改变这种状况，但是这种想法在人们的头脑中也只是像流星划过天空一样，一闪即逝，从来没有付诸哪怕一丁点儿的行动。

卡特也一直想改变这种讨厌的现状，于是他下定决心，去找皮特。他跟皮特说："皮特老弟，不如我们一起挖管道，把水引到村子里来吧，这样提水实在是太麻烦了。"皮特以为卡特只是随便说说，就满口答应了，可是当他意识到卡特是真的决心要挖掘管道的时候，就开始打退堂鼓了。

他支支吾吾地对卡特说："卡特老兄，不是我不愿意和你一起挖管道，实在是、实在是这个事情太大了，又需要规划，又需要买管道，还需要给各家各户安装水管。太麻烦了，你想过吗？而且，弄不好，我们自己在挖管道的过程中还会受伤的。"

卡特听了皮特的话，愤愤地说："就是因为我们一直在考虑这些麻烦，所以就一辈子得提水喝。这次我下定决心了，说什么也要挖出一条管道来！"说完，转身离开了皮特的家，决定自己去挖管道。卡特开始挖管道时是很困难的，在头几个月，他的努力几乎没有多大进展，他每天晚上和周末的时间，都用来挖掘管道了。虽然辛苦，虽然有很多人不理解，等着看他的热闹，但是卡特不断地提醒自己，他的梦想只能在，也一定会在今天的行动上实现。他一点儿一点儿地努力挖着……

当他的管道挖掘工程完成一半的时候，卡特又将额外的时间只来铺设管道，完工的日期终于越来越接近了。皮特则一直在费力地提水回家。终于，卡特的管道完工了，村民们簇拥着争相跑来看水从管道中流出，世代以来提水喝的历史结束了。卡特的名气也大了，村民们都称他是奇迹创造者，甚至连市长听到有关他的故事后，都专程前来看这个有名的人和他的管道。而卡特因为付出的努力也得到了一定的收获，他向村民收取很低的用水费用，但是却因为用水的人多，所以也能够有很高的经济收益。而皮特则成了卡特的顾客之一，现在他懊悔不已。

**早起的鸟儿有虫吃，能够将自己的设计设想尽快付诸行动的人才能得到奶酪，才能取得成功。成功不是空想，不是等来的，而是靠自己的创造取得的。因此去落实自己的设计，让自己站在最前列，当机会来临时，主动出击，这样取得成功的可能才会更多一些。**

李嘉诚说："第一个吃螃蟹的人永远是最香的。"也就是说，早起的鸟儿一定是有虫吃的，越早行动的人越能够找到自己属于自己的那块奶酪。1983 年，克尔·戴尔考入德州大学医学系，成为一名预科学生，但是他只对电脑感兴趣。他从当地的电脑零售商那里以低价买来一些积压过时的 IBM 的 PC 电脑重新组装出售。由于他丰富的电脑知识和敬业精神，组装的电脑质量好，价格便宜。一台电脑 IBM 卖 2000 美元的电脑，他只卖 700 美元。因为 IBM 的电脑售价中有三分之二让中间商、代理商赚走。

在不到一年的时间里，戴尔在组装、升级电脑方面已是名声远扬。这时戴尔觉得如果自己成立一家公司采取将电脑直接销售给买者，去除零售商的利润剥削，把这些省下来的钱回馈给消费者，从而改进电脑的销售过程，将会很受欢迎。这个想法从来没有一个人尝试过，戴尔决定抢占先机，立刻实施。1984 年 1 月 2 日，戴尔凭着 1000 美元的创业资本，注册了"戴尔电脑公司"，经营起个人电脑生意，"戴尔电脑"成为第一家根据顾客个人需求组装电脑的公司，而且不经过批量销售电脑的经销商控制系统，直接接触最终用户。生意果然如他所料，仅在开业之后的一个月内就卖出了价值 18 万美元的电脑。戴尔立刻从学校退学，大力扩张企业规模，最终在短短几年时间内使公司壮大，在 1988 年，他 23 岁时便取得了身份 1800 万美元的巨大成就。

戴尔的直销方式并不是一种多么难以想到的方式，肯定在当时也有很多人想到过，但是却没有人付诸行动，而他则想到立刻便去做了，结果在很短的时间内便取得了极大的成功。所以说，如果你有好的想法，有好的成功设计方案，就要抓紧付诸行动，做那只早起的鸟儿，去寻找自己的成功。

## 马上行动

有人说，只有想不到的，没有做不到的。实际上正好相反，想到的往往比做得到的多，而成功则必须要通过去做才能取得。如果只有好的设想，而不付诸行动，那么最后的结果不是设想变成空想，就是让别人抢占了先机。因此，如果你想取得成功，还得去提早行动，去做一个行动快的人，只有这样才能把奶酪抢到手。

## 2. 行动决定成败，不要被一次的失败所吓倒

> 逆境给人宝贵的磨练机会。只有经得起环境考验的人，才能算是真正的强者。自古以来的伟人，大多是抱着不屈不挠的精神，从逆境中挣扎奋斗过来的。
>
> ——松下幸之助

无论是企业还是个人，在成长过程中肯定会遇到挫折、摔跟头，这是生存成长过程中的必然要经历的阶段。但是很多人一次失败之后就彻底失败了，因为他们没有从自己犯下的错误中吸取教训，并寻找到机会。而机会往往就隐藏在自己的错误之中。

真正的成功者无一不是经历过失败的，但是他们之所以能够走出失败、取得成功，其中最大的原因应该是从中寻找到了新的机会。亨利·福特在创立福特公司之前，经历了两次失败。他对失败是这么定义的，"这是一次让你变得聪明的机会。"一位经历过多次失败的成功者也说："你经历了这么多教训还不悔改就太不应该了。你为之付出了巨大的人力、物力和感情上的代价，如果毫无所得，那才是真正的悲剧。"

爱迪生说过："失败是必需的。"每一个成功者都是跨过了失败的门槛的失败者，而每一个跌倒在失败的门槛前的人都不会获得成功。如果你想拥有成功，就必须超越失败。超越失败的最有效方式就是从失败中吸取教训，并寻找机会，而不是避开失败，更不是不

敢承认失败。积极地思考自己为什么会失败，思考从失败中能获得什么，才能真正地成功。

亚历克斯·弗莱明在一个医学实验室工作，他主要负责接收一家医院的病理标本，将这些标本中的病菌注入消了毒的培养皿中，当它们长成乳状的物体时，将这些病菌剔下来，把它们放到显微镜底下，然后帮医院鉴明这到底是什么疾病。这原本是十分简单的工作，但是有一天，亚历克斯注意到在乳状物的中央有一个孔，其间没有病菌繁殖。但是在孔的中央有一小撮霉菌污染了细菌培养基。他不明白那儿为什么会长霉菌，因为消毒的培养皿都已经被盖起来了。但霉菌仍然长了出来，破坏了这个实验。简单的实验被马虎的他搞砸了。他的第一个冲动，就是诅咒，发狠地说他的实验失败了，需要重新再做一次。

但就在这时候，亚历克斯突然意识到了如果这种霉菌能破坏培养基中的病菌的话，那么如果将它从培养基中分离出来注入病人体内的话，也许能够杀死他们体内的同类病菌，消除病菌带来的感染。结果他从这次失败中找到了成功机会，于 1928 年，他发明了青霉素，拯救了千千万万人的性命。在他做出这一具有划时代意义的发现之前，至少有 17 处不同的科学家在文献提到了在细菌实验中有这么一种霉菌破坏了培养基。也就是说，在弗莱明之前至少有 17 个人做出了这百万分之一的发现。可他们只是在笔记中将它记成一个"令人遗憾的失误"，然后重新开始做实验。由此可见，失败中往往孕育着成功的技术，但是很多人认为失败了就是失败了，没有必要再把时间浪费在失败上，结果错过了在失败中蕴含的成功的机会。

把每一次失败当做一个新的起点，就会一步步地向成功迈进。罗曼·罗兰说："失败对我们是有好处的，我们得祝福灾难，我们是灾难之子。"害怕失败的人永远不能获得成功。但是并不是说不害怕失败的人就一定会取得成功。一个不害怕失败的人，如果不会思考自己失败的原因，不从失败中寻找机会，那么只会越来越失败，不可能取得成功。所以，不仅不要害怕失败，还要学会正确地对待失败，认识失败，取得成功。

许多人总是一蹶不振，不能经受失败的打击，一次失败之后就难以再爬起来继续努力，而是形成了心理阴影，害怕再次失败最终只能是一事无成。而另外一些人却在失败之后能够毅然地站起来面对失败，重整旗鼓，再战江湖，而且大有屡败屡战，越战越勇之势，最后终于取得了胜利，并且在这一过程中还养成了不怕失败的优良习惯。清朝末年，太平天国起义迅速发展，几乎占据了大半个中国，曾国藩临危受命，率领手下的团练湘军镇压起义。一开始的时候，曾国藩因为是文人从武，对军事并不精通，再加上对太平国也不怎么了解，兵力也很弱，而太平军正是士气高涨时期。所以，曾国藩屡战屡败，并且好几次投江自杀，所兴的是都被人救起。后来，他明白自杀也难以解决问题，并且也不是一个人在面对事情时应有的态度。于是他便在太平军的攻击下一退再退，在不断的败退中总结出一套专门用于对付太平军的战略战术，用兵更加稳慎，战前深谋远虑，谋定后动，"结硬寨，打呆战"，"宁迟勿速，不用奇谋"，屡败屡战，不再轻易言败，最后终于攻下南京城，剿灭了太平天国运动。

曾国藩正是从一个害怕失败的人变成了一个从失败中吸取教训并最终克服困难取得胜利的成功者。他的不怕失败的精神，对于我们今天来说仍然具有极强的启示。有专家断言，100％的成功＝20％的 IQ＋80％的 EQ 和 AQ。IQ 是指智商，EQ 是指情商，AQ 是指逆商。"逆商"又称为"挫折商"或"逆境商"，它是指人们在面对逆境，也就是面对挫折、摆脱困境和超越困难时的能力。大量资料显示，在市场经济日趋激烈的今日，一个人能否取得成功，不仅取决于其是否有强烈的创业意识、娴熟的专业技能和卓越的管理才华，而且在更大程度上取决于其面对挫折、摆脱困境和超越困难的能力，取决于其是否敢于正视自己所遭遇的失败，在逆境面前，形成良好的思维，具有坚强的意志力和摆脱困境的能力。

马上行动

英国的一个政治家曾说："绝望是愚蠢的人下的结论。"一个没有希望的人，就像僵尸一样，所以人只要活着就不能放弃希望。要努力脱离绝望，就要从失败中中寻找成功的机会，去寻求解决事情的新转机。如果你能从绝望中逃脱，就一定能成就一切。有时候，转机往往潜伏在失败之中，需要你去发现。

## 3. 宁肯冒险跃进，不能坐以待毙

> 在策划一件大事时必须预见艰险，而在实行中却必须无视艰险，除非那危险是毁灭性的。
>
> ——培根

实际上，很多事情大家都会想到，都知道如何就有可能会取得成功，但是想到是一回事，做到又是一回事。正如《冒险》一书的作者所说："如果生活想过好一点，就必须冒险。不制造机会，自然无法成功。"有些人在看到别人取得成功时，往往会说如果我做了我也能取得成功，甚至还会说，如果我做了，我会比他做得更好。也许这种假设真的成立，但是假设永远只是假设，没有付诸行动，就不可能成为事实，进行假设的人也不可能取得成功。天才并不多，大概十万个人中会有一个天才，其他的人在智商上都是不相上下的，但是十万个人中，并不是只有一个人取得成功。很多时候，大多数事情，大家都能想到，但是只有很少的人能够做到，能够做到的才是英雄，才是成功者。

常言道，说一尺不如行一寸。面对悬崖峭壁，一百年也看不出一道缝来。但是付诸行动，去用斧凿，凿一寸便进一寸，凿一尺就进一尺。**很多时候，我们想到了，却因为种种自以为的顾虑，或是觉得时机没有成熟，或是屈服于自己内心的担忧，往往因此而不敢行动，也往往因此而与成功擦肩而过。各行各业的翘楚都有一个共同的优点：他们办事言出即行。因此他们取得了成功。他们不比别人思考得更多、更好，但是他们明白一个道理：成功不是将来才有的，而是从决定去做的那一刻起，不断付诸实践累积而成的。**

清代四川文学家彭端淑在《为学》中说："天下事有难易乎？为之，则难者亦易矣；不为，则易者亦难矣。人之为学有难易乎？学之，则难者亦易矣；不学，则易者亦难矣。"他在文章中讲了一个故事：一个穷和尚"欲之南海"，富和尚问他"何恃而往"？穷和尚回答说："一个盛水的瓶子，一个化斋用的钵就足够了。"富和尚嘲讽他说："我数年来，想要雇船而去，都没有成行，你这样怎么可能会到达！"结果第二年，"贫者自南海还，以告富者。富者有惭色"。

心动不如行动。敢想不敢做的人，只有羡慕别人成功的机会，而不会给自己创造成功的可能。人的成功固然需要积极的设计，便更需要将设计付诸实际行动。拿破仑说："我总是先投入战斗，再制定作战计划。"也有人说，最聪明的成功方法就是行动，去实现自己向往的目标，想到什么就去做什么，然后再考虑完善自己或完善目标。这样做会让人觉得有些盲目，但是却好过只想不做。而既然我们想到了成功的可能，也有了成功的规划，那么就一定要付诸行动，这才是最好的选择，才既不会因为没有付诸行动而没有任何成功的可能，也没有因为盲目地付出努力而导致的失败。

英国历史学家迪斯累利说："行动不一定就带来快乐，但没有行动则肯定没有快乐。"不采取行动也许不会有失败的风险，但是一定没有成功的快乐。任何一种成功者都是经过实践才能获得。所以，只要做出了正确的思考，就立刻进行实践，只有这样，才会成为一个真正的强者，才会有成为成功者的可能。歌德说："今天做不成的，明天也不会做好。一天也不能虚度，要下决心把可能的事情，一把抓住而紧紧抱住，有决心就不会任其逃走，而且必然要贯彻实行。"

作为一个想取得成功的人，不仅要敢于设计、敢于想像，还要敢于冒险，宁可冒险跃进，也不能坐地等死。成功从来只属于那些敢于冒险的人，而不是属于那些只会空想的人。

东汉明帝十六年（公元73年），班超率三十六人出使西域，打算联合当地各国一起对付匈奴。到达鄯善时，开始国王开始对班超等人非常热情，待若贵宾，后来几天却突然冷淡疏远起来。班超等人都感到非常疑惑，班超分析说："鄯善王一直在我们汉朝与匈奴之间摇摆不定，一会儿与汉朝友好，一会儿又与匈奴友好。我想，他对我们的态度变化一定与匈奴有关，会不会是匈奴的使者也来到鄯善国了呢?"大家认为班超的分析有道理，就派人去打探消息，果然是匈奴派来了使者。班超把他所带领的三十六个人召集到一起后说："我们一起来到这边远的地方，原来是想为国立功而求得富贵。想不到，匈奴使者也来到了这里，现在大家都感觉到了，鄯善王的态度已明显地亲近匈奴而冷淡我们。如果他把我们出卖给匈奴人，那我们恐怕就会死无葬身之地了。怎么办呢?"大家都表示愿听班超的。班超接着说："不入虎穴，焉得虎子。事到如今，我们只有先下手干掉匈奴的使者，使鄯善王断了与匈奴友好的念头，才能达到我们的目的。"于是，班超作出了周密的部署，当晚率领三十六人直扑匈奴使者营帐，将匈奴一百多余人全部斩杀，接着班超等人提着匈奴使者的头去见鄯善王。鄯善王大惊失色，只好死心塌地与汉朝友好了。班超等人圆满完成了出使任务，带着鄯善王的儿子作为人质回到了汉朝，得到了朝廷的极大赏识。

如果班超一味等待，很有可能的结果就是鄯善王为向匈奴表示忠诚而将其三十六人全部杀掉，只能坐地等死。但是班超没有这样做，而是主动出击，冒险奋力一搏，结果成功地钭匈奴会使者全部杀掉，并逼迫鄯善王就范，取得了极大的成功。

马上行动

成功从来都属于那些勇于冒险的人，而•等待者得到的往往是失败。因此如果已经有了好的设计、成功的方法，不妨去冒险，放手一搏，也许能够搏出一片天空来，取得意想不到的成功。

## 4. 不必亲自动手，可以找人操刀

> 如果你可以单凭谋略而决胜于千里之外，那么就不必事事亲力亲为，做你最擅长做的事，才是最正确的人生选择。
>
> ——刘墉

诸葛亮与司马懿交战的时候，司马懿曾向一位汉使询问诸葛亮的饮食及军务的繁简情况。那位汉使说："诸葛丞相早起晚睡，军中凡是处罚在二十以上的，丞相都要亲自过问。所吃的饭食，每天不过数升。"司马懿闻言，松了一口气，说："诸葛孔明吃得少却事必躬亲，肯定不会活得太久的。"果然，诸葛亮积劳成疾，壮志未酬身先死，活活给累死了。

史书给了诸葛亮的评价很高，但是如果企业里出现了这种全权管理者，他受累事小，吃力不讨好才是大事。事必躬亲的做法不仅得不到下属的敬重，相反还可能遭到他们的埋怨。有些下属是很勤奋的，他确实想做工作、想表现，恨不得领导给他创造尽可能多的大显身手的机会。如果领导不给他任务，而是自己忙前忙后，他就会产生"有心杀贼，无力回天"的压抑感，自己的才能得不到施展，早晚要递交辞呈走人。

**所以，聪明的领导者必须有所为有所不为，把权力下放，分给下属，让他们有学习、锻炼、成长、成功的机会。**这个过程就像物理学里的核裂变反应。一个大个儿的原子核分成几个，几个原子核再不断分裂……层层的分裂不仅没有让能量减少，反而发挥了巨大的威力——原子能。美国人就是利用这种能量做成了破坏力空前的原子弹。二战末期，仅仅两颗原子弹，就让猖狂无比的日本人挂起了白旗。做领导的，不妨做一个重量级的原子核，看看下属们是如何发挥巨大效力的。

在授权方面，海尔的张瑞敏就做得很好，他习惯指出思路，具体细化则由下面的人去做，也就是只管战略问题，不管战术问题。海尔各部均独立运作，集团只管各部一把手。集团先任命一把手，由一把手提名组阁后，集团再任命副职和部委委员。一切配备完毕后，只有资金调配、质量论证、项目投资、技术改造和企业文化这些大事由集团统一规划，其余全部由各部自管。充分授权之后，张瑞敏就有了充足的时间来考虑战略层次的问题。各部的一把手，因为被委以重任，有职又有权，从而有了成就感、荣誉感，有了强烈的"当家作主"的主人翁意识，干起工作来更卖力、更起劲儿。

但是授权绝不是"大撒把",而是"有所为有所不为",有些权力是可以皇授予他人,而有些权力则是必须要抓在手中的:

一、财权。钱是企业的命脉。领导者必须清楚地掌控资金大的方向,并且关键时刻能够自由调动。而那些财务细节完全可以让财务总监去管理。

二、人事任免权。这主要涉及非常重要的人事调动和安排。

三、知情权。即使某些时候不参与决策,对所做决策也应该有知情权。

四、最终决策权。即对一般及重要决策进行最后拍板的权力。

抓住这四项权力,其他便可根据具体情况而定。三星之父李秉喆总结他的授权原则是:"把大事交给我来办,常识性的不要报告,干得好的只报告10%就够了,有困难干不了的工作报告给我。该由我干的工作我来干,确实难而费力的工作由我去解决。"

明确了什么权力该放什么权力不该放,管理者就要考虑把权力授予谁的问题。他能不能独当一面,胜任工作,这是你授权能否成功的关键因素之一。以下是管理者在选择授权对象时的判断要点。

一、达成这项任务须具备什么人格特质?谁具有这些人格特质?

二、完成这项任务需要过去的经验吗?安排某个人去获取这种经验,能否加强工作团队的实力?

三、这项任务对谁具有挑战性?谁能获益最多?谁能胜任?

四、谁具有该任务所需要的才能和意愿?

五、如果时间与品质要求允许的话,可以把这项任务作为团队成员的训练机会吗?

六、所需的人数是否不止一人?如果是,如何使这些人同心协力工作?

七、你将如何监督工作进度以及如何评估工作成果?

八、被授权者目前的工作负荷是否够重?你是否要协助他调整他的工作？

管理专家大卫·拜伦说："再能干的主管，也要借助他人的智慧和能力。作为经理人，你唯一要做好的事情，就是仔细精选人才，训练他们，然后授权给他们，让下属尽量去发挥。"

在授权的过程中，领导还注意一些问题：

一、不可把授权当成推卸责任的"挡箭牌"。有些管理者认为授权之后，事情由被授权者全权负责，老板可以高枕无忧。这就大错特错了。"士卒犯罪，过及主帅"，授权后部下所做的一切事情，管理者仍须担起责任。诸葛亮误用马谡，失守街亭，班师回来就上书引咎自责，清酒贬官三级，以负"用人不当"的责任。分出全力，承担责任，这样的红脸领导才能赢得下属的信任和尊重。

二、不可越俎代庖，授又不授。有的管理者在授权后总是放心不下，对部下有疑虑，经常干涉被授权者，阻碍权力的正常行使。结果搞得部下很被动。红脸领导要时刻牢记"用人不疑，疑人不用"的道理，既然分出了权力，就要让部下从容行使，给他信任，帮他树立信心，这样才能换来下属的尊重。

三、不可越级授权。如果中层领导不力，老板要采取机构调整或者人员任免的办法解决中层问题，而不能把中间层的权力直接授给其他下属，这样会造成中间领导层工作上的被动，扼杀他们的负责精神，久而久之，会形成"中层板结"。

四、注意权责相当。有的管理者授予下级的权力与下属所负的责任极不相称，使下级面临"责大于权"的状况。

分配权利是一项灵活机动的工作，而且要权衡多方面的利害。红脸领导要做到运筹帷幄、从长计议，通过平时的观察选择合适的授权人，把权力授予他。下属得到了权力就能感受到领导的信任，从而更加服从领导、加倍努力工作。所以说，很多时候，一些工作没有必要全部由自己来做，交给他人去做，也许会取得更好的效果。

马上 行 动

　　有的人能够设计出很好的成功方案来，但是却不能很好地执行，也就是说能言不能行。如果你是一个这样的人，思维很敏捷，能够设计出很好的成功方案，但是动手能力很差，那么如果选择自己亲自动手，可能会导致失败。此外，还有一些事情并没有必要亲自去做，交给别人来做更好，自己可以留出时间来做自己最擅长的或者是最重要的事情。

## 5. 行动中全程跟进监督，别出半点纰漏

　　　　不必事事亲为，并不是指放手不管，而是要求领导者能够间断地进行监督，就像船长不时地观察航行的方向一样，掌握船只航行的情况，而不会使其偏离航道。

　　　　　　　　　　　　　　　　　　　　——拿破仑·希尔

　　现在，企业管理学中流行一个新的观点"用人也要疑"，"用人以疑"不是两面三刀，更不是耍阴谋诡计，而是需要领导者高瞻远瞩，针对各部门、各工种的不同，估计会出现什么问题，做到居安思危，提前想出应对举措，防微杜渐。也就是说，虽然不会事必躬亲，但是在行动中要全程跟进，要进行监督，以免出现纰漏。

　　《韩非子》里有这么一则故事：鲁国人阳虎很有才华，但是很自

私。他游说于鲁王、齐王，都被驱逐出境，于是他来到了赵国。赵王十分赏识他的才能，拜他为相。有人向赵王进谏说："大王怎能用这种人料理朝政呢？"赵王回答道："阳虎或许会伺机谋私，但我一定会小心监视，防止他这样做。只要我拥有不至于被臣子篡权的力量，他阳虎又岂能如愿以偿呢？"赵王一直对阳虎实施监督与控制，使得阳虎没有机会以权谋私，而且能够尽职尽责地在相位上施展自己的抱负和才能，终使赵国威震四方，称霸于诸侯。

赵王的成功之处就在于把"信"与"疑"结合得滴水不漏，既利用了阳虎的才华，又控制住他的私心。领导者就要做到这一点，信任下属，充分授权；同时监督到位，掌控工作进展情况。

肯德基的管理者就把放权与监督做到了完美结合。一次，上海肯德基有限公司收到了3份总公司寄来的鉴定书，对设在上海外滩的快餐厅的工作质量以及店长分3次鉴定评分，分别为83、85、88分。公司中方经理都为之瞠目结舌——这三个分数是怎么评定的？原来，肯德基国际公司雇佣、培训了一批人，让他们佯装顾客潜入店内进行检查评分。这些"特殊顾客"来无影，去无踪，这就使快餐厅经理、雇员时时感到某种压力，丝毫不敢疏忽，使得各级肯德基公司能够在全球保持一致的服务标准。

管理者对下属的放权与监督，就像渔翁套在鸬鹚脖子上的绳子。渔翁用绳子在鸬鹚的脖子上打一个松松的结，如果鸬鹚捕到小鱼，就可以吞下去填饱自己的肚子，很自由；但是，如果捕到大鱼，由于有绳子勒住脖子，它无法下咽，只好吐出来装进渔翁的篓子。就这样，双方获利，相得益彰。

一个领导者有三件事情必须亲力亲为，绝不能偷懒，这三件事是：制定战略方案，选拔能干的下属及指导企业运营，并在此过程中跟进下属对各项计划的落实情况。其中最后一条是重中之重，一定要注意跟进，千万不可掉以轻心。领导者不可能事无巨细地去过问企业的任何事情，他必须通过"替身"和"授权"来完成企业的各项目标和任务，但是他可以不时地对工作进程进行监督与了解，以把握进度，及时纠正方向等等，使设想能够按照自己预期的方向发展。

但是管理监督也有需要注意的地方，那就是要明白，部属是你的替身，他的行为是代替你的，所以部属的执行力不应该受到过多的限制。因为部属的执行力实际上体现了领导者的执行力。作为企业的领导者和管理者，应该把部属的成长和能力的增长看成是自身的成长和能力的增长，请记住，部属是你的替身，部属能力越强就表明你的能耐越强，因为部属可以代替你完成许多艰巨的任务。因此，真正优秀的企业领导和管理者会监督跟进，但不会指挥部属去行动。

杰克·韦尔奇曾经说过："如果我们让员工茁壮成长，鼓励他们的自信心，赋予他们更多的责任，如果我们将他们最好的想法加以利用，那么，我们就有了赢得竞争的机会。解放思想、赋予员工权利不再只是说说而已，而是参与竞争的必要条件。"因此，如果企业想要在竞争中获得优势，那么必须重视员工的执行能力，必须要在对部属进行监督的时候，培养其执行能力。

高明的领导就是这样，让下属充分地享受到"自由"，放开手脚去做事情，又能把"自由"带来的风险降到最低，甚至是零，自己拿到利润的大头。监督，不是让你监督人，而是监督事情做得怎么样，对工作进度进行掌握，掌握下属工作的进展情况，好统筹安排所有的工作，从大局上把握设想的进展情况。

## 马上行动

企业领导者不可能事无巨细都由自己来处理，而是应当放权给手下，让他们处理一些能力范围内的工作。但是这并不是说企业领

245

导者在放权之后便放手不管，而是要进行监督与跟进，对部属的工作进行指导与促进，使其能够按照自己的设想去展开工作，以取得预期的目的。

## 6. 别让设计成为南柯一梦，被窝是成功的坟墓

> 懒惰、好逸恶劳是万恶之源，懒惰会吞噬一个人的心灵，可以轻而易举地毁掉一个人乃至一个民族。
>
> ——戴尔·卡耐基

亚历山大征服波斯人之后，他发现波斯人生活腐朽，尤其厌恶劳动，只讲求享受，惰性十足。他说不是我打败了波斯人，而是他们自己打败了自己，没有比懒惰和贪图享受更容易使一个民族失败的了。如果一个民族惰性十足，整个民族也就无可救药了。同理，如果一个人惰性十足，那么他也不可能取得任何成功。如果一个人有好的创意，能够有十足的把握会促使自己取得成功，但是却十分懒惰，从不努力去行动，那么他也必然不会取得任何成功。

英国著名作家伯顿说：你千万不可向懒惰让步，你必须遵循这一原则，只有遵循这一原则，你的身心才有寄托和归依，你才会得到幸福和快乐；违背了这一原则，你就会跌入痛苦的深渊。这是必然的结果、绝对的规律。记住这一条：千万不可懒惰。

在现实生活中，那些事业成功者，你不要只看到他们成功之后的光荣和辉煌，看到他们受到人们的无比尊重，看到他们生活的是那么惬意潇洒、幸福快乐。其实，他们的成功没有一个人不是用辛

勤劳动换来的，没有一个人不是用辛勤的汗水换来的。翻开他们的字典，你会看到没有"懒惰"这个词，只有"勤劳"两个字。

清华大学的食堂里出了个"英语神厨"，英语过了六级，还写出了一本畅销书，从而一举成功。这并不仅仅是因为他有好的设想，而更应该归因于他的努力勤付出了辛勤的劳动，晚上为了多看半个小时的书，主动承担起打扫宿舍卫生工作，以此来获得半个小时的读书时间。只要有时间就往"英语角"跑，偷偷地混在大学生们中间，与他们用英语交流，借此来提高自己的英语水平，而那些懒惰成性、游手好闲、不肯吃苦的学生，虽然有良好的学习条件，但是却没有取得任何成就。戴尔·卡耐基说："懒惰、好逸恶劳是万恶之源，懒惰会吞噬一个人的心灵，可以轻而易举地毁掉一个人乃至一个民族。"那些懒惰的人不愿意从事劳动，不能吃苦耐劳，却常常编出种种美丽的借口为自己开脱。

戴尔·卡耐基对年轻人说，你们总用种种漂亮的借口来为自己的懒惰行为辩解，我看最根本的一条就是不肯努力，不肯下工夫。你的理论就是每一个人都会把他能干的事情干好的，但是任何一件事情你没有去干并不表明你不能够干，而在于你不愿意干。如果每个人都这样想的话，那将没有人能够取得成功。人们只有付出相应的劳动和汗水，才能将理想变成现实。

哲学家罗素指出："真正的幸福绝不会光顾那些精神麻木、四体不勤的人们，幸福只在辛勤的劳动和日莹的汗水中。"**懒惰是一种精神腐蚀剂，因为懒惰，人们虽然有好的设想，但是却不愿意爬过哪怕一个小山岗；因为懒惰，人们不愿意去战胜那些完全可以战胜的困难。对于任何人而言，懒惰都是一种堕落的、具有毁灭性的东西。那些懒惰的人日益走向腐化、堕落，他们终日游手好闲，无所事事。**

"懒惰走得如此之慢，以至于贫穷不久就赶了上来。"一个人无论过去多么富有、尊贵，多么有名声，但是只要有懒惰与他为伍，他将最终走向贫穷和没落，他就不可能得到真下在的幸福。

所以我们只有去勤奋努力，用心地去做每一件事情，就一定能取得成功，一定会打造出一片属于我们自己的新天地，我们憧憬得自己美好的未来，但是要想把理想变成现实就必须靠自己的勤奋去创造。命运掌握在自己手中，人生的蓝图需要自己去规划，此时，此地，此人，一定会付出自己的勤奋努力，用自己勤奋的双手去开启成功的大门。勤奋是我们人生路上的基石，是激励我们前进的进行曲，是我们取得成功的灵魂。

幻想毫无价值，计划渺如尘埃，目标不可能达到。一切的一切都毫无意义—除非我们勤奋努力。一个人无论他有多好的天赋，多高的智商，多么优越的条件，如果他不勤奋努力，怕吃苦受累，就永远不可能走向成功；任何美好的设想，如果不勤奋的去研究发现，永远也不可能创造财富。只有勤奋努力，不怕吃苦，才能使我们走向成功，才能使宝典、梦想、计划、目标有现实意义，勤奋像食物和水一样，能滋润着我们，使我们通向成功之路。所以从现在起，我们要付出行动，勤奋努力，唯有如此，我们才会走到别人的前面，占领成功的高地。如果你有了好的设想，就去努力地行动，不要懒惰，不要让所有的一切美好愿意变成南柯一梦。

## 马上行动

人人都渴望成功、快乐，但成功不会眷顾懒惰的人所以只要我们从点滴做起，坚持勤奋努力，成功才青睐我们，才会投入我们的怀抱，快乐才会陪伴在们的身边。人们一旦背上懒惰的包袱，就会成为一个精神沮丧、无所事事、浑浑噩噩的人。那些生性懒惰的人不可能成为事业成功者，他们纯粹是社会财富的消费者而不是社会财富的创造者。